Pourquoi les manchots n'ont pas froid aux pieds ?

Pourquoi les manchots n'ont pas froid aux pieds ?

et 111 autres questions stupides et passionnantes

par les lecteurs de la revue *New Scientist*

TRADUIT DE L'ANGLAIS (GRANDE-BRETAGNE)
PAR NICOLAS WITKOWSKI

Éditions du Seuil

Titre original : *Why Don't Penguins' Feet Freeze ?*
Éditeur original : Profile Books, Londres

ISBN original : 978-1-86197-876-9

ISBN 978-2-7578-1281-5
(ISBN 1re publication, 978-2-02-092599-0)

Introduction

Le livre précédant celui-ci, *Mais qui mange les guêpes ?*, a créé la surprise de la saison 2005 en Grande-Bretagne, en squattant la première place des meilleures ventes pendant plusieurs mois. Les plus surpris ont été les fidèles lecteurs de la rubrique « The Last Word » (Le dernier mot) de la revue *New Scientist*, d'autant que deux autres volumes avaient précédé celui-là, sans autrement déchaîner les lecteurs. C'était d'ailleurs fort dommage, dans la mesure où ces premiers recueils contenaient les questions qui ont grandement contribué à définir l'esprit de la rubrique : répondre à des questions aussi triviales que possible. Pourquoi la morve est-elle verdâtre ? Pourquoi le fromage fondu fait-il des fils ? Pourquoi le papier d'aluminium fait-il mal aux dents ? Et, bien sûr, pourquoi les manchots n'ont pas froid aux pieds ?

Plus important peut-être, les deux premiers volumes contenaient des réponses à des questions qui sont régulièrement posées par les nouveaux lecteurs de la rubrique « The Last Word ». Tout le monde veut savoir pourquoi le ciel est bleu et pourquoi les cheveux deviennent gris. Vous trouverez les réponses p. 147 et p. 9. Du coup, ce livre est de loin le plus épais et le plus complet de la collection. Comme nous pensions que les deux premiers volumes méritaient un public plus large, nous en avons repris les meilleures questions pour les mélanger à de plus récentes afin de constituer une sorte de *best of*. Nous espérons qu'il y en a assez pour vous amuser pendant plusieurs semaines.

Mais qui mange les guêpes ? a généré un fort engouement médiatique, et m'a soumis au retour périodique de la même question : pourquoi votre livre marche-t-il si bien ? La réponse était bien sûr que ce n'est pas mon livre, mais celui des lecteurs de *New Scientist*. Tout ce qui s'y trouve provient des contributions, en ligne ou dans la revue, à la rubrique « The Last Word ». Des milliers de questions sont posées chaque année, et autant de réponses données dans le magazine ou à l'adresse : http://www.newscientist.com/lastword.ns.

Si vos amis vous font rougir en disant que vous savez tout, vous êtes la personne que nous cherchons : pourquoi ne pas venir nous aider à répondre aux questions ? Nous sommes débordés, et la survie de la rubrique dépend de votre bonne volonté : aucun d'entre nous, comme vous allez le constater, ne suffirait à la tâche.

Bonne lecture, et bonnes questions !

Mick O'Hare

Tous mes remerciements à Jeremy Webb, Lucy Middleton, Alun Anderson, et aux équipes de *New Scientist* et de Profile Books. Merci aussi à Thomas O'Hare, mon fils, pour toutes les questions idiotes qu'il ne cesse de poser.

Les commentaires en italique en réponse aux questions ont été établis par l'éditeur anglais du texte original et par l'éditeur français de la présente édition.

1. Notre corps

Gris naturel

Pourquoi les cheveux deviennent-ils gris ?

Keren Bagon

Le gris, ou le blanc, est vraiment la « couleur » naturelle des cheveux. Les cellules pigmentaires fournissant de la mélanine et situées à la base de chaque follicule pileux donnent leur couleur à nos cheveux lorsque nous sommes jeunes. Avec l'âge, la plupart de ces cellules meurent, et les cheveux perdent leur couleur. Ils deviennent gris.

Le processus de perte de la couleur initiale prend entre dix et vingt ans – la totalité des cheveux d'une personne (qui se comptent par centaines de milliers) deviennent rarement gris en une seule nuit. Curieusement, la production des cellules pigmentaires s'accélère souvent avec l'âge : les cheveux foncent parfois temporairement avant que les pigments cessent de se renouveler.

Bob Barnhurst

Éternueur photique

J'ai remarqué que beaucoup de gens ont tendance à éternuer quand ils passent d'un endroit sombre à un endroit situé en pleine lumière. Pourquoi ?

D. Boothroyd

Ce sont les photons qui vous chatouillent les narines !

Steve Joseph

Je crois que la réponse est très simple : quand le soleil tape sur un objet, surtout protégé par du verre, il en augmente notablement la température. L'air autour de lui s'échauffe aussi, s'élève et entraîne avec lui des millions de particules de poussière. Pénétrant dans les narines, elles provoquent l'éternuement.

Alan Beswick

Je suis sujet à ce phénomène, comme ma mère et une de mes sœurs. Cela est peut-être génétique, et confère un avantage du point de vue de l'évolution. J'ai fait ma petite enquête et il semble que nous autres, éternueurs « photiques », soyons en minorité. À mesure que la couche d'ozone s'amincit, cependant, laissant passer de plus en plus d'ultraviolets, nos yeux subissent des agressions croissantes. Ceux d'entre nous qui éternuent à la lumière seront mieux protégés que les autres, puisque l'on a tendance à fermer les yeux quand on éternue ! Le reste de la population va graduellement devenir aveugle, et ne sera certes pas favorisé par la sélection naturelle.

Alex Hallatt

La tendance à éternuer à la lumière est appelée éternuement « photique », ou « lié à la lumière ». C'est un trait génétique transmis d'une génération à la suivante et qui affecte entre 18 et 35 % de la population. L'éternuement se déclenche car les réflexes protecteurs des yeux et du nez sont étroitement liés. D'ailleurs, quand nous éternuons, nos yeux se ferment. L'éternuement photique est un danger bien connu des pilotes de chasse, spécialement quand ils volent face au soleil ou sont exposés, de nuit, aux projecteurs de défense antiaérienne.

R. Eccles, Centre de recherche sur les affections nasales, Cardiff

Voici quelques réflexions anciennes sur la question de l'éternuement à la lumière, tirées du *Sylva sylvarum* (1635) de Francis Bacon, pionnier de la recherche scientifique : « Avoir le soleil en face fait éternuer. La cause n'en est pas l'échauffement des narines ; s'il en était ainsi nous éternuerions chaque fois que nous faisons face au soleil ; c'est la descente de l'humidité du cerveau. Car elle rend les yeux humides ; et par imitation les narines s'humidifient aussi ; et l'on éternue. De même, gratter l'intérieur du nez l'humidifie, et provoque aussi l'humidification des yeux par imitation. Pourtant on a observé que, pour s'empêcher d'éternuer, il faut se frotter les yeux jusqu'à ce qu'ils s'humidifient. La cause en est que l'humeur qui s'apprêtait à descendre du cerveau vers les narines a été détournée vers les yeux. »

C.W. Hart, Smithsonian Institution (l'équivalent de notre Museum d'histoire naturelle), Washington

Le secret des empreintes

Pourquoi avons-nous des empreintes digitales ? Et à quoi cela nous sert-il ?

Mary Newsham

Les empreintes digitales nous sont très utiles pour saisir les objets et les tenir. Elles fonctionnent comme les sculptures sur les pneus d'une voiture. Les surfaces lisses adhèrent bien lorsqu'elles sont sèches, mais plus du tout quand l'humidité est forte. Les fines sculptures de nos empreintes sont conçues pour évacuer l'eau et assécher les surfaces des objets afin de faciliter la prise. Le fait que ces empreintes soient caractéristiques des individus est mis à profit par la police à des fins d'identification.

James Curtis

Les empreintes digitales sont la partie visible des replis faits par l'épiderme de la peau s'enfonçant dans le derme, replis dont la structure est très imbriquée. Ces empreintes amortissent les forces de cisaillement (latérales) qui pourraient désolidariser les deux couches de la peau et entraîner la formation d'une ampoule. On les trouve sur toutes les surfaces de peau soumises à de forts cisaillements – doigts, paumes, doigts de pied et coudes. Le fait que ces empreintes soient spécifiques à chaque individu tient au mode de formation semi-aléatoire des replis et autres structures du derme.

Keith Lawrence

Doigts ridés

Pourquoi la peau – surtout celle des doigts et des orteils – est-elle toute ridée après une immersion prolongée dans l'eau ?

Lloyd Unverfirth

La peau qui recouvre les extrémités des doigts est spécialement épaisse et résistante. Quand elle est gorgée d'eau, elle gonfle. Et comme elle n'a pas la place de s'étendre, elle se replie sur elle-même.

Steven Frith

Toute la peau du corps ne se ride pas après une longue immersion, car elle est recouverte d'une couche de kératine qui empêche les pertes d'humidité – et les gains, d'ailleurs. Sur les doigts des mains et des pieds, cette couche de kératine est en permanence usée par le frottement. L'eau peut donc facilement, à ces endroits-là, pénétrer les cellules de la peau par osmose, et les faire gonfler.

Robert Harrison

À gauche toute !

Comment se fait-il que quand je rentre du pub, après quelques bières, je dévie plus vers la gauche que vers la droite ?

Chris Wood

La même chose arrive aux gens qui marchent en forêt ou dans le désert. Bien qu'ils aient l'impression de marcher en ligne droite, la plupart des gens, privés de repères, tournent légèrement vers la gauche, finissant par décrire, en sens inverse des aiguilles d'une montre, un grand cercle qui les ramène à leur point de départ.

La raison en est que la plupart des gens ont une

jambe droite plus forte et plus souple que l'autre. Les spécialistes du sport le savent bien, comme ceux qui ont eu l'occasion de faire des tests d'effort avec les jambes.

Beaucoup de gens peuvent aussi soulever la jambe droite légèrement plus haut que la gauche. La poussée plus grande qu'elle exerce sur le sol explique le lent virage vers la gauche qui apparaît après quelque temps.

Han Ying Loke

Le corps humain n'est jamais parfaitement symétrique. La jambe droite, en particulier, est souvent plus longue que la gauche. Un rond de bière placé dans le talon de la chaussure gauche devrait remédier au problème.

J. Jamieson

Nous avons tous un œil dominant auquel nous nous fions davantage qu'à l'autre. Instinctivement, nous avons tendance à nous diriger vers là où nous voyons le mieux, même si nous corrigeons cette tendance de façon à marcher droit. Quand nous trébuchons, nous aurons donc tendance à trébucher en direction de notre œil dominant.

En effet, le cerveau doit réagir vite pour rétablir la situation, et il donne davantage de poids à l'information provenant de l'œil dominant : cela nous incite à nous diriger du côté de cet œil. D'après la question posée, l'œil dominant de votre lecteur est le gauche.

Ce phénomène peut être mis à profit pour guider les animaux : couvrez l'œil gauche d'un cheval, il ira vers la droite.

Adrian Baugh

De toute évidence, votre lecteur va au pub avec sa monnaie dans la poche droite et ses clés dans la poche gauche. Quand il revient après avoir tout dépensé, le poids de ses clés le tire vers la gauche.

Simon Thorn

Les membres du département de physique de mon université ont fait une étude sur le sujet. La théorie qui en émerge, bâtie sur notre expérience de retour de pub à Auckland, fait simplement appel à la gravité.

La monnaie néo-zélandaise, en dessous de 10 dollars, est constituée de pièces, dont certaines sont assez grosses. Lors d'une soirée au pub, on accumule un bon paquet de ces pièces dans sa poche. En supposant que les pièces anglaises sont semblables et que votre lecteur les met dans sa poche gauche, les lois élémentaires de la gravité le tireront vers la gauche. Il arrive à certains Néo-Zélandais, dans ces circonstances, de décrire des cercles.

Nelson Christenson, université d'Auckland,
Nouvelle-Zélande

Après être resté debout pendant des heures dans un pub, un verre de bière dans la main droite, il est inévitable que nous rétablissions inconsciemment l'équilibre en trébuchant davantage à gauche. Les buveurs de bière gauchers font l'expérience inverse.

Anonyme

Marche synchronisée

Pourquoi deux personnes marchant côte à côte ont-elles inconsciemment tendance à synchroniser leurs pas ? S'agit-il d'un instinct naturel ?

Simon Apperley

Le zoologiste Desmond Morris, spécialiste du comportement animal, affirme que cela est dû à une volonté inconsciente de montrer à notre compagnon que nous sommes d'accord avec lui puisque nous marchons au même rythme. C'est aussi un signe à l'égard des autres, exprimant notre synchronisation, notre empathie.

D'autres études suggèrent que nous adoptons aussi les manières et attitudes de nos compagnons, spécialement de nos supérieurs, en croisant par exemple nos jambes dans la même direction. On voit souvent, à une table de réunion, le patron qui se gratte le nez être imité par ses employés, sans qu'ils s'en rendent compte.

Adithi, Hong Kong

Bien qu'il ne s'agisse que d'une opinion personnelle, j'ai une explication au fait que les gens marchent de façon synchronisée. Voyant un groupe d'enfants marcher dans un parc sous la conduite de deux adultes, j'ai observé que les adultes synchronisaient leurs pas tandis que les enfants marchaient, couraient et sautaient partout un peu au hasard.

Peut-être ces enfants, libres encore de tout conformìsme, n'ont-ils pas encore appris qu'il est inacceptable de marcher à son propre rythme.

Todd Collins

La prochaine fois que vous marcherez près de quelqu'un, brisez le pas. Puis essayez de suivre la conversation que vous aviez. Vous allez très vite revenir au pas car il est alors beaucoup plus facile de se tourner vers la personne et de la regarder.

La communication est grandement facilitée quand on est proche de son partenaire et à peu près stable. Elle est plus difficile quand on bouge sans arrêt.

Hamish

Il y a une explication plus prosaïque et moins « sociologique ». Quand on marche, on se balance légèrement de droite à gauche. Si deux personnes côte à côte ne marchaient pas en cadence, leurs épaules se heurteraient à tout bout de champ.

Peter Verstappen

L'art de la chatouille

Pourquoi cela ne fait-il rien quand on se chatouille soi-même ?

Daniel et Nicolas Takken (7 et 9 ans)

Si quelqu'un vous chatouille et que vous parvenez à rester détendu, cela ne vous fera rien. Bien sûr, il est difficile de rester détendu car les chatouilles créent un état de tension chez la plupart d'entre nous, à cause du malaise dû au contact physique, de la perte de contrôle et de la peur : cela va-t-il chatouiller ou faire mal ? Cependant, beaucoup de gens ne sont pas chatouilleux – ce sont ceux qui arrivent à rester détendus.

Quand vous vous chatouillez vous-même, vous ne perdez à aucun moment le contrôle de la situation. Cela ne fait donc aucun effet. La prochaine fois que quelqu'un vous chatouille, vous expérimenterez la même chose en essayant de fermer les yeux et de respirer calmement.

Le rire est le résultat de l'état de panique modéré dans lequel vous vous trouvez. Cette façon de répondre à une agression peut sembler incompatible avec la « survie du plus apte » favorisée par l'évolution, puisque la panique rend vulnérable. Mais dans ce cas comme dans bien d'autres, la nature n'a que faire de la logique.

Sigurd Hermansson

Projection électrique

Quand on reçoit une décharge électrique, on est violemment projeté en arrière. D'où vient cette force ? L'électricité n'exerce pas de force par elle-même...

John Davies

La force provient de nos propres muscles. Quand un fort courant électrique traverse notre corps, nos muscles se contractent violemment – et souvent bien plus violemment que nous ne pouvons le faire volontairement.

Ordinairement, notre corps limite le nombre des fibres musculaires qui se contractent simultanément. Une situation de stress peut accroître ce nombre, augmentant la puissance musculaire disponible ainsi que le risque de blessure. C'est cette force très particulière qui a permis à des mères de soulever la voiture sous laquelle leur bébé était coincé, ou à des psychotiques d'échapper par la force à plusieurs infirmiers.

Quand les muscles sont stimulés par un courant électrique, ces limites naturelles ne s'appliquent plus et les contractions peuvent devenir très violentes. Comme les décharges électriques parcourent généralement un bras, l'abdomen, puis une ou les deux jambes, de nombreux muscles se contractent simultanément. Les résultats sont imprévisibles, mais, les muscles des jambes et du dos étant spécialement puissants, la victime peut fort bien traverser la pièce de façon totalement involontaire. Ajouté à la commotion de l'électrocution, cela donne l'impression de recevoir un choc violent plutôt que d'en être la source.

La distance à laquelle les gens se projettent ainsi est stupéfiante. Une femme, par exemple, touchée par un éclair alors qu'elle était dans un parking mouillé par la pluie, s'est retrouvée 12 mètres plus loin. Dans son cas, d'autres phénomènes physiques ont pu intervenir, comme la formation, et l'explosion, de vapeur d'eau à l'endroit du foudroiement. La femme a survécu, mais en a gardé des brûlures et de graves séquelles nerveuses.

Outre les bleus et autres blessures causés par les chocs électriques, un des effets secondaires les plus communs est la crampe musculaire due à la contraction excessive, qui peut aussi endommager les articulations et les tissus conjonctifs. Les physiothérapeutes, chiropracteurs et ostéopathes demandent souvent à leurs patients s'ils ont subi une électrocution.

Le fait d'être projeté à travers la pièce peut vous sauver la vie, puisque cela coupe le contact électrique. Mais il arrive que lorsque la victime tient la source de courant, sa main et son bras se referment dessus en se contractant. Si rien ne vient l'aider, elle meurt d'électrocution ou de fibrillation cardiaque.

Je me souviens d'un récit, peut-être apocryphe, concernant un micro mal relié à la terre, auquel un chanteur rock resta involontairement agrippé. Malheureusement, personne ne trouva plus étranges que d'habitude ses mouvements de détresse, et il fallut du temps à ses musiciens pour comprendre, et couper l'alimentation électrique.

Roger Dearnaley

Il est intéressant de se demander pourquoi la victime est projetée à travers la pièce et non tétanisée dans une posture figée. La raison en est que certains groupes de muscles sont dominants. Cela est particulièrement visible sur les victimes d'attaques cérébrales. Si l'attaque est suffisamment sévère pour qu'aucun contrôle volontaire ne s'exerce sur un côté du corps, le bras est replié, ainsi que le poignet et les doigts repliés, tandis que la jambe est tendue et le pied en extension.

Hors de tout contrôle cérébral, les mouvements réflexes mettent tous les muscles en action, agonistes et antagonistes à la fois. La dominance d'un de ces groupes de muscles sur les autres rend compte de l'effet observé.

Ainsi, lors d'une électrocution, c'est le déséquilibre de forces entre muscles chargés de la flexion et muscles chargés de l'extension qui cause la projection de la victime à travers la pièce.

Il n'est pas recommandé de faire l'expérience, mais j'ai entendu dire qu'il est plus sûr de toucher un fil électrique dangereux avec le dos de la main plutôt qu'avec la paume : la contraction musculaire qui en résulte ne vous force pas à agripper le fil et à subir une électrocution en continu.

Il faudrait aussi considérer les effets sur le cœur, mais c'est une autre question.

John Parry

Des gauchers moins adroits ?

En tant que gaucher, j'ai été étonné et peiné d'apprendre que j'étais davantage exposé à une mort accidentelle. Pourquoi en est-il ainsi ? Un droitier n'a-t-il pas les mêmes risques que moi de mourir d'un accident ?

Alan Parker

À l'approche d'un obstacle, les droitiers ont tendance à contourner par la droite, et les gauchers par la gauche. Si deux droitiers, ou deux gauchers, approchent du même obstacle en venant de deux directions opposées, ils se croisent sans aucun problème. Si un droitier rencontre un gaucher dans ces circonstances, ils vont entrer en collision. La majeure partie des gens étant droitiers, ce sont les gauchers qui sont le plus exposés à des accidents de ce type. L'exemple est simpliste, mais multiplié par le nombre de situations semblables qui se présentent dans une vie humaine, il explique l'espérance de vie plus courte des gauchers.

Hannah Ben-Zvi

Nous autres, les gauchers, sommes davantage victimes d'accidents car les outils industriels et les machines sont conçus pour les droitiers. Les gauchers sont ainsi plus souvent victimes d'accidents sur les lieux de travail que les droitiers. Un exemple en est le fusil d'assaut SA-80. Quand on tire en le plaçant sur l'épaule gauche, il éjecte la douille dans l'œil droit du tireur.

Daniel Bristow

Halte aux pellicules

Comment marche le shampooing antipelliculaire ?

Eugene

Les pellicules sont dues à un surplus de bactéries *Pityrosporum ovale* qui vivent normalement sur la peau. Ce surplus cause des irritations locales qui se traduisent par une prolifération des cellules (kératinocytes) qui constituent la couche externe de la peau. Elles forment des écailles connues sous le nom de « pellicules ».

Les shampooings antipelliculaires ont trois modes d'action. Des produits à base de goudron (antikérostatiques) inhibent la division des kératinocytes. Des détergents (kératolytiques) limitent l'accumulation des pellicules, et des antifongiques, ou des produits comme le sulfure de sélénium, s'opposent à la multiplication des bactéries elles-mêmes.

Roddie McKenzie, université d'Édimbourg

La voix de Mickey

Pourquoi le fait de parler dans l'hélium élève-t-il la fréquence de la voix, alors que le son émis se transmet dans l'air ?

David Bolton

Le son se propage plus vite dans l'hélium que dans l'air car les atomes d'hélium (masse « molaire » = 4) sont plus légers que les molécules d'azote et d'oxygène (respectivement 14 et 16). Le son de la voix, comme celui de tous les instruments à vent, est dû à la formation d'une onde stationnaire dans une cavité emplie d'air. La fréquence de cette onde multipliée par sa longueur d'onde est égale à la vitesse du son. La longueur d'onde étant fixée par la forme de la gorge, du nez et de la bouche, si la vitesse du son augmente, la fréquence fera de même. C'est pourquoi l'hélium donne une voix nasillarde. Une fois que le son quitte la bouche, sa fréquence n'est plus modifiée : l'auditeur entendra donc la fréquence correspondant à l'hélium, et non celle correspondant à l'air.

Dans les instruments à cordes, la fréquence dépend de la longueur, de l'épaisseur et de la tension de la corde, mais pas de la composition de l'air. Ainsi, libérer de l'hélium au milieu d'un orchestre aurait un effet spectaculaire. Les instruments à vent se mettraient à jouer très aigu tandis que les cordes et les percussions joueraient normalement. Il existe un air d'opéra, celui du *Chant du cheval blanc* de David Belford, pour lequel la soprano est censée respirer de l'hélium afin d'atteindre la note finale, extrêmement élevée.

Eoin McAuley

T'as vu ton cortex !

Pourquoi le cerveau est-il plissé ?

Brian Lassen

Les circonvolutions du cerveau ont pour effet d'augmenter la surface du cortex. Les animaux moins brillants que nous, les rats par exemple, ont des cerveaux plus lisses. La majeure partie du travail du cerveau est fournie par la couche supérieure de cellules, le volume sous-jacent étant surtout occupé par des connexions.

Ainsi, si l'on souhaite améliorer le traitement de l'information, il vaut mieux multiplier les circonvolutions qu'augmenter le diamètre du cerveau.

Anthony Staines

Les circonvolutions ont évidemment pour effet de maximiser la surface du cortex cérébral. La question est : dans quel but ?

Si beaucoup de connexions à courte distance sont nécessaires, il vaut mieux regrouper les neurones sur de fines plaques à deux dimensions, et réserver la troisième dimension pour les connexions à longue portée.

Si les neurones étaient uniformément répartis dans tout le volume du cerveau, les connexions à longue portée pourraient être plus courtes, mais elles occuperaient l'espace situé entre les zones chargées du traitement de l'information, et allongeraient les connexions à courte distance, augmentant ainsi le volume global du cerveau.

Janne Sinnkkonen

Une autre réponse possible tient à la chaleur produite par le cerveau.

Les tissus cérébraux consommant beaucoup d'énergie, ils dégagent d'importantes quantités de chaleur. Posez une main sur votre front, et comparez la chaleur à celle de votre bras.

Les cerveaux des vertébrés inférieurs sont moins plissés que le nôtre car la chaleur à évacuer est moindre.

Les humains, eux, ont un gros cerveau qui travaille beaucoup. Les circonvolutions permettent, en augmentant la surface offerte aux vaisseaux sanguins, de faciliter l'évacuation de la chaleur. Si nos cerveaux devenaient plus complexes et plus gros, ces circonvolutions devraient augmenter de façon exponentielle afin d'assurer leur fonction de refroidissement.

Gerald Legg

Beaucoup de vertébrés intelligents ont un cerveau de grand volume et un cortex fortement plissé. Bien que le dauphin et le requin soient de taille comparable, le cerveau du dauphin est plus gros et bien plus plissé que celui du requin.

Le chat et le lapin sont aussi de taille comparable,

mais le chat, carnivore, a un mode de vie plus complexe, de sorte que son cerveau, contrairement à celui du lapin, comporte des circonvolutions.

La taille de l'animal est aussi un facteur important. Les souris et les rats, dont l'intelligence est réputée, ont des cerveaux pratiquement dépourvus de circonvolutions, mais les éléphants et les baleines en ont davantage que les hommes.

Il est remarquable que cette surabondance de cortex cérébral ne corresponde pas nécessairement à un plus grand nombre de neurones. Chez les grands animaux, les neurones sont plus gros et plus espacés.

Une raison en est que, chez ces grands vertébrés, la proportion de neurones est plus faible. Il en résulte que le cortex, qui est une structure en couche, doit se plisser afin de contenir autant de neurones que celui des animaux plus petits, dont le cortex est lisse.

E. Ramon Moliner

Tirer la langue

Quand on fait quelque chose de difficile, on a tendance à tirer la langue. Ce comportement est-il culturel ?

Steve Townsend

Quand on se concentre sur quelque chose, un problème ayant à voir avec le langage par exemple, on utilise le même hémisphère que celui impliqué dans nos activités motrices. Il est d'ailleurs amusant de voir comment les gens ralentissent quand ils se mettent à penser à quelque chose de difficile tout en marchant. C'est dû à l'interférence des deux activités, qui font intervenir la même région du cerveau. Je suppose qu'en nous mordant la lèvre, en sortant la langue ou en faisant une grimace quelconque, nous bloquons l'activité motrice et gardons la tête fixe afin de minimiser le mouvement et l'interférence des deux fonctions.

Melanie Western

Des régions très étendues du cerveau sont consacrées au contrôle de la langue et au traitement des sensations qui en proviennent.

Peut-être le blocage de la langue contre les dents ou les lèvres permet-il de libérer ces régions afin de consacrer davantage de neurones aux tâches délicates – faire passer un fil dans le chas d'une aiguille par exemple.

Barry Lord

Des doigts qui craquent

Qu'est-ce qui cause le bruit des doigts, ou autres articulations, qui craquent ?

Marty Brown

Un claquement, ou craquement, est souvent entendu quand on déplace ou étire une articulation. Quand la pression du liquide synovial de l'articulation est abaissée, il peut se former une bulle de gaz. Le son peut aussi résulter du décollement des deux surfaces de l'articulation.

On entend parfois ces bruits lors des traitements ostéopathiques, mais cela ne prouve pas que le traitement a marché, ni qu'il a échoué si l'on n'entend rien.

Will Podmore, École britannique d'ostéopathie, Londres

Tous les tissus mous du corps, y compris les cartilages des articulations, contiennent de l'azote dissous. Quand on diminue la pression dans l'articulation en tirant l'os du doigt, l'azote passe à l'état gazeux et emplit soudain l'articulation avec un petit bruit sec.

Les radiologues voient souvent sur leurs clichés X un petit croissant gazeux à l'articulation de l'épaule des enfants qui sont tenus par les bras pendant la prise de vue. La force de traction sur les bras provoque l'apparition d'azote gazeux dans l'espace de l'articulation. Cela s'observe aussi, mais plus rarement, aux hanches.

On voit parfois des bulles très mobiles dans les hanches des bébés, lors des tests d'anomalies congénitales utilisant des ultrasons – surtout si le bébé est tenu fermement pendant l'examen. Ces bulles disparaissent ensuite, quand l'azote repasse en solution.

Si les doigts étaient passés aux rayons X aussitôt après qu'ils ont « craqué », la présence de milliers de microbulles opaques se traduirait sans doute par une zone légèrement lumineuse entre les os.

Tony Lamont, Hôpital pour enfants de Brisbane, Australie

Le vin changé en eau

Quelle que soit la couleur du liquide que nous avalons, elle disparaît lorsque le liquide quitte notre corps. Où va-t-elle ?

P. Beeham

Le liquide qui quitte le corps n'a pratiquement aucun rapport, en termes de composition chimique, avec celui que nous avalons. Toute substance avalée, solide ou liquide, passe par l'œsophage, le tube digestif, puis, si elle n'est pas absorbée, se voit incorporée dans les matières fécales. L'urine, au contraire, est créée par les reins à partir de déchets métaboliques produits dans les tissus et transportés par le sang.

Si vous buvez un liquide coloré, il se peut qu'il interagisse biochimiquement avec les systèmes de l'organisme. Dans ce cas, la réaction chimique éliminera ou modifiera les couleurs. S'il n'interagit pas, le système digestif refusera de l'absorber. Le liquide finira donc dans les matières fécales, lesquelles, vous l'avez sans doute noté, sont beaucoup plus colorées que les urines.

Stephen Gisselbrecht

Les substances colorées de la nourriture et de la boisson sont généralement des composés organiques facilement métabolisés par notre corps, qui les change en gaz carbonique, incolore, en eau et en urée. Les substances les plus coriaces sont confiées au foie, qui joue le rôle d'incinérateur de déchets. Cependant, dans les cas – très rares – où la quantité de colorants ingérés excède ce que le corps peut métaboliser, la couleur persiste lorsque le liquide quitte le corps. Le fait est bien connu de tous ceux qui ont absorbé de grandes quantités de bortsch (soupe russe à la betterave).

Hans Starnberg

Grand-père est intact

Le grand-père d'un de mes amis a été récemment exhumé, en Italie du Sud, afin d'être enterré au côté de sa femme. Bizarrement, son corps était complètement intact, aucune décomposition ne s'étant apparemment manifestée. Il est pourtant mort il y a trente ans dans un accident de voiture, et a été enterré dans un cercueil ordinaire. Cela est-il fréquent ? Un corps peut-il ne pas se décomposer ? Le sol et la géographie jouent-ils un rôle ?

Kira Kay

L'« incorruption » d'un cadavre est plus commune qu'on ne le croit. On l'a longtemps prise pour un signe de sainteté. Parmi les exemples célèbres se trouve celui de la femme du poète anglais Dante Gabriel Rossetti qui lui apparut dans toute sa gloire lorsqu'il dut, en panne d'argent et d'inspiration, récupérer dans la tombe de sa femme les poèmes qu'il y avait inhumés.

L'incorruption se produit quand les tissus adipeux du corps se changent en adipocire, ou « gras des cadavres », substance de texture savonneuse composée d'acides gras saturés et de sels d'acides gras.

Les femmes sont souvent mieux préservées que les hommes, à cause sans doute du contenu en graisses supérieur de leurs tissus, mais la chaleur et l'humidité jouent aussi un rôle. Le mort que vous mentionnez, enterré en Italie du Sud, a bénéficié de conditions plus favorables que s'il avait été enterré dans une terre bien froide, en Angleterre. Certains cadavres à adipocire, très bien préservés, ont été trouvés en Italie.

L'adipocire peut soit se former très vite, en quelques semaines, soit en plusieurs années. Dans ce cas, le corps peut atteindre un état de décomposition avancé avant que l'adipocire ne se forme. L'obésité est un avantage : l'abondance de graisses et d'eau facilite la formation d'adipocire, quelles que soient les conditions d'enfouissement. Cette formation est aussi favorisée par l'enveloppement du corps dans un linceul de fibres synthétiques, par une humidité importante, et par la présence d'une substance comme le formol. Il arrive que les muscles, et pas seulement les graisses, se changent en adipocire. Si le corps du grand-père était vraiment bien conservé, cela a pu se produire.

Anne Rooney

Pour qu'un corps enterré se putréfie, il faut qu'il y ait assez d'humidité pour que les tissus se décomposent à la fois par autolyse et sous l'action des micro-organismes, processus qui commence généralement dans les intestins. Si le milieu d'enfouissement est sec et chaud, le corps a tendance à perdre de l'eau par évaporation, même s'il est enfermé dans un cercueil en bois bien étanche.

Il est probable que ces conditions étaient réunies dans votre cas, en Italie du Sud, et qu'elles ont interrompu la putréfaction. Il arrive même que des corps non enfouis, posés à même le sol, soient ainsi préservés de la corruption. Une grange bien ventilée serait idéale pour favoriser l'évaporation.

Un sol vraiment aride réalise ces mêmes conditions, et les cadavres y prennent l'aspect du cuir. Cette momification, naturelle dans les sables secs du désert, a sans doute mené, en ancienne Égypte, à en faire une pratique culturelle.

Alan Taman

Quelle est ta formule ?

Quelle est la formule chimique d'un être humain (les proportions relatives de ses constituants – et polluants), et quelle serait celle d'un extraterrestre ?

Paul Montmorency

La formule chimique de quelqu'un dépend de nombreux facteurs, en particulier du sexe. Les hommes contiennent davantage d'eau que les femmes, lesquelles contiennent davantage de graisses (lipides). En poids, l'oxygène représente environ les deux tiers, suivi du carbone (20 %), de l'hydrogène (10 %) et de l'azote (3 %). Les éléments chimiques venant des polluants ne sont présents qu'à l'état de traces.

Si un corps humain était ramené à l'état d'atomes séparés, sa formule serait à peu près :

$$H_{15750}\,N_{310}\,O_{6500}\,C_{2250}\,Ca_{65}\,P_{48}\,K_{13}\,S_{15}\,Na_{10}\,Cl_{6}\,Mg_{3}\,Fe_{1}.$$

En masse, la formule serait différente, car les atomes énumérés ci-dessus ont des masses différentes.

La composition chimique d'un extraterrestre dépendrait essentiellement de deux choses. D'abord, l'élément qui forme le « squelette » de ses molécules : toute la vie connue à ce jour est basée sur le carbone, atome capable de former de longues chaînes moléculaires sur lesquelles viennent se greffer d'autres éléments, mais rien n'interdit d'imaginer une vie basée sur le silicium, le phosphore ou l'azote. Ensuite, le solvant des réactions biochimiques qui ont lieu dans l'organisme : pour nous, c'est l'eau, mais l'ammoniac (NH_3) serait une bonne alternative car il dissout la plupart des molécules organiques. Il est aussi liquide en dessous de 0 °C et abondant dans l'espace. Un extraterrestre pourrait donc être à base de silicium et d'ammoniac – un silicihomme, en quelque sorte.

Lauri Suoranta

Les éléments chimiques d'un être humain sont répartis en quelques molécules spécialement abondantes, comme l'eau (H_2O) ou le sucre ($C_6H_{12}O_6$), de sorte qu'une formule serait du genre :

$$7 \times 10^{25}\, H_2O + 9 \times 10^{24}\, C_6H_{12}O_6 + 2 \times 10^{24}\, CH_3(CH_2)_{14} + \text{etc.}$$

Cependant, une telle formule remplirait un livre entier et resterait fatalement incomplète. Le métabolisme, en effet, c'est-à-dire les échanges d'énergie entre le corps et son environnement, fait que la formule ne cesse de varier.

Connaître la réaction chimique d'un processus peut être utile. Si l'on détermine tous les éléments chimiques qui interviennent et toutes les équations mathématiques du phénomène, le processus peut théoriquement être déterminé et calculé à tout instant. Mais il se trouve que la vie est caractérisée par des dispositifs de rétrocontrôle de tous ses systèmes, dispositifs qui se mettent en place tout seuls. Les réactions chimiques ont bien lieu, mais la façon dont elles s'organisent est en permanence contrôlée par l'organisme. Cela signifie qu'il est non seulement impossible d'écrire la formule exacte d'un être humain, mais que cela est à la fois inutile et néfaste. La vie est définie par ce qu'elle fait des substances chimiques, et non par les éléments chimiques qu'elle met en œuvre.

Le même problème se poserait avec des extraterrestres. Les radioastronomes passent beaucoup de temps à scruter le spectre électromagnétique pour détecter d'éventuels signaux, mais comment reconnaîtront-ils qu'il s'agit de signaux émanant d'êtres vivants ? En y cherchant les caractéristiques du vivant, à savoir : un système sous son propre contrôle, et qui ne se réduit pas à une série de réactions chimiques.

John Walter Haworth

? Ssshlakk !!!

Lors d'une électrocution, est-ce le courant, ou la tension, qui tue ?

Kyle Skotzke

C'est le courant (ou intensité) traversant le cœur qui est responsable de la plupart des morts par électrocution. L'effet, très variable selon les individus, dépend surtout de la durée d'exposition. La fréquence du courant – 50 hertz – est dangereuse, et des intensités de quelques dizaines de milliampères suffisent à causer des fibrillations cardiaques. Le cœur se met en surrégime et n'envoie plus de sang vers le cerveau ; la mort est l'affaire de quelques minutes.

Le corps ayant une certaine résistance électrique, l'intensité qui le traverse dépend de la tension, ainsi que de l'humidité de la peau et de l'endroit où elle pénètre. Il est donc très difficile de trouver une tension vraiment inoffensive. D'autres mécanismes peuvent mener à la mort par électrocution, en particulier la contraction musculaire. Si un courant traverse la poitrine, il peut interrompre la respiration et conduire à l'asphyxie. S'il traverse la tête, il peut aussi se traduire par une asphyxie en paralysant la région du cerveau consacrée à la respiration. Et l'intensité, là encore, est plus déterminante que la tension.

La plupart des victimes survivent à une électrocution, car le courant rencontre souvent des éléments qui réduisent son intensité – vêtements et chaussures présentent une résistance non négligeable au courant, dont les effets dépendent aussi crucialement de la durée du choc.

N.C. Friswell, membre du comité de travail « électrocution » de l'International Electrotechnical Committee, Horsham, Grande-Bretagne

Dans une électrocution, c'est l'intensité du courant qui tue, mais comme il n'y a pas d'intensité sans tension, la réponse n'est pas très pertinente. Si la résistance du corps humain était constante, la tension serait aussi déterminante que l'intensité. Il se trouve que cette résistance est très variable.

La peau bien sèche, par exemple, a une résistance électrique de l'ordre de 500 000 ohms. Cette résistance tombe à 1 000 ohms pour une peau humide, soit à peu près celle de l'eau salée. L'humidité est donc un facteur aggravant.

Le chemin suivi par le courant est crucial. C'est pourquoi il est conseillé, quand on fait une manipulation dangereuse, de porter des chaussures isolantes et de garder une main dans le dos, de sorte qu'un éventuel courant aura moins de chances de traverser la poitrine – et le cœur, ce qui provoquerait un arrêt cardiaque – que les pieds.

Le courant alternatif est réputé être quatre à cinq fois plus dangereux que le courant continu car il entraîne des contractions musculaires plus violentes. Il favorise aussi la sécrétion de sueur, ce qui diminue la résistance électrique du corps et augmente l'intensité du courant. Et il se trouve que la fréquence du courant alternatif, 50 hertz, est la plus dangereuse…

Mike Follows

L'électricité tue en focalisant l'énergie là où elle est indésirable. L'énergie électrique est le produit de la tension, de l'intensité et du temps. Elle peut être létale dès une intensité de 100 microampères, sous une tension de quelques volts, si elle est dirigée droit vers le cœur, ou à environ 30 milliampères sous quelques centaines de volts si elle passe d'une main à l'autre. Dans les deux cas, le résultat est une désorganisation du battement du cœur appelée fibrillation ventriculaire. Le remède est un autre choc électrique, au moyen d'un défibrillateur, à condition que vous en ayez un sous la main.

L'énergie électrique peut tuer autrement. La chaise électrique semble tuer par asphyxie, car elle entraîne la contraction involontaire des muscles impliqués dans la respiration. Elle « cuit » aussi ses victimes, mais ne semble provoquer ni fibrillation ventriculaire ni perte de conscience rapide due à la traversée du cerveau par le courant. En d'autres circonstances, de forts courants traversant le corps peuvent causer des brûlures intenses, lesquelles peuvent par la suite être la cause de la mort. Enfin, une décharge à haute tension peut enflammer les vêtements ou faire tomber une personne du pylône électrique sur lequel elle travaille.

Mike Brown

Le doigt dans le nez

Mon petit doigt entre exactement dans mon nez. Est-ce un hasard ? Sinon, pourquoi maman me dit-elle de ne pas me mettre les doigts dans le nez ?

Jack Walton (9 ans)

Ta mère ne sera peut-être pas d'accord, mais il y a un moyen simple de se nettoyer le nez, sans y faire entrer quoi que ce soit. Appuie sur une narine avec le doigt, inspire fort, ferme la bouche et souffle aussi violemment que possible l'air par l'autre narine. N'oublie pas de lever légèrement la tête pour ne pas salir tes vêtements.

L'existence de ce genre de technique montre qu'il n'y a aucune raison de vie ou de mort qui aurait fait coévoluer les doigts et les narines. Après tout, si le nez est bouché, on peut toujours respirer par la bouche. La sélection sexuelle aurait pu favoriser la relation doigt / narine si, par exemple, les femelles du Pléistocène préféraient les mâles qui se mettaient les doigts dans le nez, ou si mâles et femelles se mettaient réciproquement les doigts dans le nez en guise de rite de séduction. Cela n'a pas dû être le cas.

On doit en conclure que c'est bien une coïncidence qui fait que le doigt entre si bien dans le nez. Et je doute qu'un raisonnement du style « ils sont faits l'un pour l'autre » fasse changer ta maman d'opinion sur la rhinotillexomanie.

Holly Dunsworth

Les organes ont généralement des tailles comparables à ceux avec lesquels ils sont censés fonctionner. En témoignent celle des organes sexuels mâles et femelles chez les insectes et les mammifères, la bouche des bébés marsupiaux et les tétons de leurs mères ainsi que, chez de nombreux animaux, la taille des ongles ou des griffes utilisés pour le toilettage. Pour autant, une différence de taille ne signifie pas que les organes ne peuvent s'apparier. Chez les mammifères, par exemple, le vagin s'accommode du passage d'un bébé, bien plus gros que l'organe sexuel mâle. Des ouvertures très souples permettent ce genre d'adaptation.

À l'inverse, ce n'est pas parce qu'un organe s'adapte à une ouverture qu'il ne s'agit pas d'une coïncidence. Il y a d'autres endroits du corps où ton doigt pourrait entrer, et que ta mère te déconseillera formellement d'essayer, surtout en public.

Tu as cinq tailles différentes de doigt, et deux de narine ; la coïncidence est donc peu surprenante. Un autre animal semble jouer à l'occasion avec sa morve : l'éléphant de mer. L'art de se mettre les doigts dans le nez ne nous est donc pas spécifique, et ne peut être cité par les partisans de l'*intelligent design* (dessein intelligent), pour qui l'homme a fait l'objet d'une création (divine) particulière.

Jon Richfield

Certes, j'admets qu'un beau mouchage unilatéral est digne d'éloges, mais je mets en garde contre la suggestion de Holly Dunsworth de « souffler aussi violemment que possible » l'air par la narine. Mon expertise dans cette technique, quand j'étais gamin, s'est traduite par une lésion aux sinus et un grave saignement de nez.

Duncan Hannant, professeur d'immunologie, université de Nottingham

Je voudrais aussi ajouter que cette technique, très utilisée par les joueurs de football, n'est pas spécialement hygiénique, et susceptible de répandre de nombreux microbes. Ne l'utilisez que quand vous êtes seuls.

Bron

2. Vous vous sentez bien ?

Attraper froid

Y a-t-il un rapport entre avoir froid et attraper froid ? Sinon, pourquoi dit-on toujours que l'on risque d'attraper froid si l'on dort découvert ou dans un courant d'air ?

Antonis Papanestis

Il n'y a aucun rapport, et cette association erronée s'est développée pour plusieurs raisons. Les virus du rhume se répandent plus facilement en hiver, saison qui voit les gens rassemblés à l'intérieur des maisons et proches les uns des autres.

En hiver, les gens ferment les fenêtres, ce qui accroît la concentration des virus dans l'air. En outre, l'air froid et sec fait gonfler les muqueuses du nez. C'est le fameux « nez qui coule », souvent associé, à tort, à une infection virale.

L'impression d'avoir froid puis d'attraper froid est fausse ; c'est le contraire qui se produit : c'est quand on a « attrapé froid » suite à une infection virale que se développe une sensation de froid.

Mark Feldman

Des études ont montré qu'il n'y a aucune corrélation entre la température et les rhumes. L'origine de l'idée selon laquelle on attraperait froid suite à une exposition au froid vient de ce que la sensation de froid est un symptôme classique de la fièvre qui précède le rhume ou la grippe. De là est issue l'expression « attraper froid ». La grippe s'appelle en anglais *flu*, abréviation d'*influenza*, car on croyait qu'elle résultait de l'« influence » des éléments. Le fait que les chercheurs scientifiques vivant en Antarctique n'attrapent jamais froid est une preuve que le froid n'a rien à voir dans cette affection.

Pedro Gonzalez-Fernandez

Quand il fait froid, on a moins de chances d'attraper froid. Les virus du rhume ou de la grippe ne supportent pas le froid ; ils ont besoin de la douce chaleur du feu ou du radiateur pour survivre.

Esperandi

? Vert morve

Désolé, mais je voudrais savoir pourquoi la morve est verdâtre.

David Tanner

De toutes les cavités ouvertes sur le monde extérieur, le nez est sans doute la plus hospitalière : chaud, bien aéré et humide, il est une source inépuisable de nutriments bactériens sécrétés par la muqueuse nasale (le mucus contient des glycoprotéines et des sels dissous). En d'autres termes, c'est un merveilleux bouillon de culture pour les bactéries, qui y pullulent.

Beaucoup de bactéries communes sont colorées : *Staphylococcus aureus* est doré, comme son nom l'indique, et *Pseudomonas pyocyanea* est bleu. En temps normal, ces bactéries et les autres micro-organismes continûment inhalés sont évacués par le mucus, puis digérés.

Il arrive cependant que le flux de mucus ralentisse et s'épaississe en réponse à une infection. Les bactéries peuvent alors se multiplier dans la cavité nasale et donner le mucus coloré que vous décrivez. Cette morve verte n'est pas le trait le plus charmant de nos bébés et jeunes enfants. Et si la couleur verte vous étonne, rappelez-vous ce qu'il se passe quand on mélange du jaune et du bleu.

Laurie North

Votre correspondant précédent explique que la couleur verte est due à la combinaison du jaune de *Staphylococcus aureus* et du bleu de *Pseudomonas pyocyanea*. Il s'agit d'une idée reçue. Bien que le *Manual of Determinative Bacteriology* de Bergey (Williams & Wilkins, 1974, p. 222) fasse de *P. pyocyanea*, « présent dans les blessures, brûlures et infections urinaires », l'agent de la couleur bleue du pus et du mucus nasal, cette cause est bien plus générale.

Le vert du mucus est dû à la présence d'oxydases et de peroxydases, contenant du fer, utilisées par les granulocytes polynucléaires neutrophiles. Ces globules blancs de courte durée de vie ingèrent avidement toutes sortes de bactéries et les inactivent en les oxydant, ce qui implique les enzymes ci-dessus, contenant du fer. Les déchets du processus (parmi lesquels se trouvent des leucocytes morts, des bactéries digérées et des enzymes) contiennent beaucoup de fer, ce qui leur donne une couleur verdâtre.

C.J. van Oss, Département de microbiologie, université de Buffalo, et J.O. Naim, Rochester General Hospital, New York

Le mucus nasal n'est pas toujours vert. Celui qui est produit au début d'un rhume, en réponse à l'attaque des tissus par les rhinovirus, est incolore. Il ne devient vert qu'au bout de quelques jours d'infection, quand les neutrophiles éliminent les déchets cellulaires et que l'infection secondaire s'installe.

Juli Warder

Les leucocytes polynucléaires sont équipés de plusieurs types d'enzymes, dont les plus efficaces sont les peroxydases. On les trouve aussi dans le raifort et le wasabi japonais, auquel ils donnent sa couleur verte et son goût agressif. L'exposition à l'air, c'est-à-dire l'oxydation, du raifort lui fait perdre sa couleur verte, alors que le véritable wasabi est toujours servi frais.

J'espère que cette explication ne vous causera pas trop de sushi.

Steve Flecknoe-Brown

Une pile dans la bouche

D'où vient la douleur causée par le contact entre un plombage et du papier d'alu ?

Simon Oddy

Quand vous ressentez cette douleur, vous refaites sans le vouloir l'expérience historique de Luigi Galvani (qui ne voulait pas non plus la faire) en 1762.

Quand deux métaux différents baignent dans un liquide conducteur, un courant s'établit entre eux ; c'est ce courant qui stimule les nerfs de la dent.

C'est ce qu'il se passe quand du papier de chocolat entre en contact avec un plombage. Les deux métaux sont en fait séparés par un film de salive, laquelle, contenant divers sels, est suffisamment conductrice pour laisser passer un courant électrique. Le plombage étant très proche du nerf de la dent, la douleur est immédiate.

Galvani a fait ses expériences avec des pattes de grenouilles et des plaques de métal, mais l'effet était le même : les pattes se contractaient violemment ! Ce n'est pas lui, mais Alessandro Volta, qui comprit le phénomène et inventa, en 1800, la pile électrique.

Chris Quinn

Bouche sèche

Qu'est-ce qui fait que nous avons la bouche sèche quand nous sommes nerveux ?

Howard Foss

On a la bouche sèche lors d'un discours en public car le corps se met dans un état d'alerte, sous l'effet de l'activation du système nerveux végétatif. Ce trait s'observe dans tout le règne animal, et a été transmis par l'évolution car il permet de faire face à des situations de danger – d'échapper à un prédateur par exemple.

Les nerfs sont activés sélectivement, selon la nature de la menace. Le fait de manger n'étant pas jugé important – seule la fuite semblant alors souhaitable –, les nerfs qui contrôlent les glandes salivaires sont inhibés, et la bouche s'assèche. En outre, les pupilles se dilatent, ainsi que les vaisseaux sanguins, de façon à envoyer un maximum de sang vers les régions musculaires et cardiaques, qui en auront le plus besoin pendant la fuite.

M. Scotten

Cela est dû à la réaction d'évitement. Dans une situation tendue ou dangereuse, notre corps inhibe toutes les fonctions inutiles, entre autres la fonction digestive, dont les glandes salivaires font partie. À quoi bon digérer son dernier repas si un lion s'apprête à faire de vous son prochain (repas) ? De là viennent aussi les gargouillements d'estomac.

Bill Isaacson

La nuit au sec

Quand on a un gros rhume, le nez coule toute la journée mais s'assèche la nuit, quand on s'endort. Qu'est-ce qui arrête le mucus ? Et ne pourrait-on imaginer un médicament sur le même principe ?

Peter Rooney

Le nez coule essentiellement sous l'effet de la gravité. Quand on s'allonge pour dormir, le mucus nasal, au lieu de couler du nez, reste dans la gorge où il est inconsciemment avalé.

Si vous dormez sur le côté, une seule narine (la plus basse) se bouche. Pour se déboucher le nez, il suffit donc de changer de position afin de changer la direction d'écoulement du mucus.

Alexandra McKenzie Johnston

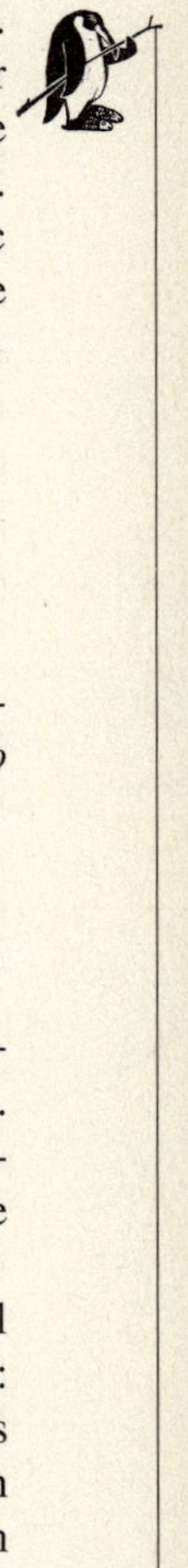

Le nez qui coule résulte de la position de la tête. Quand on dort, le mucus coule dans la gorge. Pour vérifier cette théorie, j'ai utilisé une table de massage et des oreillers, de façon à dormir le nez vers le bas. Vous pouvez faire l'expérience vous-même avec deux gros oreillers, mais prévoyez un bon paquet de mouchoirs : votre nez va couler toute la nuit.

Hank Roberts

C'est dans la tête

Le débat sur l'effet placebo dans les essais pharmacologiques semble se centrer sur l'effet placebo positif. Y a-t-il des effets placebo négatifs ?

Peter Grant

Un placebo est une substance sans effet pharmacologique, comme du sucre ou des fausses pilules. On l'utilise comme contrôle dans les essais de médicaments, les cobayes ne sachant pas s'ils ont affaire à un placebo ou pas.

L'effet placebo est toujours controversé, mais il semble bien plus psychologique que physiologique : généralement, les gens croient que la pilule qu'ils prennent aura des effets positifs. Il y a aussi un certain conditionnement ; un patient s'attendant à ce qu'un médicament ait un effet ressentira un effet.

Lors des essais d'analgésiques, par exemple, le cerveau a tendance à sécréter des substances semblables à des opiacés pour lutter contre la douleur. Une étude a montré que la douleur était réduite par un placebo que les patients prenaient pour un analgésique, mais que cet effet s'arrêtait si on leur donnait un médicament annihilant l'effet des opiacés.

L'effet placebo négatif s'appelle effet *nocebo*, terme latin signifiant « je vais faire mal ». Les patients recevant des placebos ressentent parfois des effets secondaires, comme de l'anxiété ou une légère dépression. On suppose que c'est dû à ce que le patient s'attend à un effet néfaste. Lors d'un essai, les femmes qui pensaient être sujettes aux problèmes cardiaques l'étaient près de quatre fois plus que celles (dont les facteurs de risque étaient exactement les mêmes) qui ne se pensaient pas menacées.

Les placebos posent un problème éthique. Leur principe est en effet de faire croire au patient qu'il prend un médicament efficace, alors que ce n'est pas le cas. Si le cobaye ressent en outre des effets secondaires désagréables, Hippocrate doit se retourner dans sa tombe.

Ian Smith

Il existe bien des effets placebo négatifs, les effets nocebo. Comme les placebos, ils ont un effet physique, mais pas selon des mécanismes physiques. Il semble que la psychologie du patient soit essentielle. Le nocebo, c'est « pense mal, sois mal », au contraire du « pense bien, sois bien » du placebo.

Le patient le plus susceptible d'expérimenter l'effet nocebo est du genre à exprimer des plaintes difficiles à diagnostiquer, et à penser que les médicaments sont peu efficaces. L'effet nocebo s'observe aussi sur le résultat des opérations. Les chirurgiens se méfient des patients défaitistes, convaincus que l'opération se passera mal. Des études ont été menées sur des patients qui déclaraient vouloir mourir pour retrouver leur femme ou leur mari décédé. La grande majorité de ces gens meurent effectivement.

Il y a peu de recherches sur l'effet nocebo car, pour des raisons éthiques, les médecins ne peuvent induire des maladies chez des individus sains. Et le durcissement des prescriptions éthiques a rendu délicate la réédition de certains tests nocebo classiques.

Ross Firestone

Il y a des effets placebo négatifs. Par exemple le vaudou et les pratiques magiques qui consistent à jeter des sorts. Leur principe est simplement de faire savoir à la victime qu'elle a été ensorcelée. Cela suffit généralement pour qu'elle le soit.

Steven Reitci

Genou baromètre

J'ai été blessée aux ligaments du genou dans un accident de ski il y a deux ans. Depuis, j'ai un « genou baromètre » : il me prévient – été comme hiver – quand il va pleuvoir, de sorte que l'humidité n'est pas le facteur crucial. Comment mon genou peut-il savoir qu'il va pleuvoir ?

Debbie Reid

De nombreuses études ont étudié le lien entre le temps qu'il fait et la douleur, spécialement dans l'arthrite. Elles montrent que l'effet est bien réel, mais l'origine de ces douleurs est encore trop mal comprise.

Le corps humain peut, schématiquement, être vu comme un tas de ballons remplis de gélatine montés sur un bâton. Des tissus sains – graisses, muscles ou os – sont relativement élastiques ; ils se contractent ou se dilatent en réponse aux variations de la pression atmosphérique. Des tissus endommagés, en revanche, sont moins souples, et répondent moins aux sollicitations climatiques.

Imaginez que plusieurs des ballons soient collés les uns aux autres, et que la pression atmosphérique diminue. Les ballons vont se dilater et les zones collées – qui représentent les tissus endommagés – seront étirées et déformées : voilà l'origine de la douleur, qui persistera jusqu'à ce que la pression revienne à sa valeur initiale, ou que les tissus s'adaptent à la déformation. Cela prend de quelques heures à quelques jours.

Il m'arrive de surprendre mon équipe médicale en annonçant le matin : « On va voir beaucoup de monde aujourd'hui. » Ils ignorent comment je peux prévoir les 20 à 30 patients supplémentaires qui consultent pour des douleurs venant d'une blessure ou d'une opération chirurgicale anciennes. Je préfère qu'ils croient à mes dons divinatoires plutôt que de leur avouer que je viens de lire le bulletin météo.

La baignoire d'eau très chaude est un bon remède. On peut aussi attendre que le temps change et, chez nous au Texas, c'est généralement ce qui se passe avant que la baignoire ne soit pleine.

Steven Ballinger

C'est un lieu commun de dire que l'arthrite est aggravée par l'humidité. Le rhumatologue Joseph Hollander, dans les années 1960, construisit une pièce climatisée pour en avoir le cœur net. Il trouva qu'une forte humidité associée à une basse pression atmosphérique – situation typique avant la pluie – est bien associée à des douleurs articulaires aiguës.

Une explication possible est que le changement de temps fait gonfler les ligaments, dont la pression sur les nerfs se traduirait par une sensation de douleur. Une autre est que l'air piégé dans l'articulation se dilate quand la pression baisse, ce qui aurait le même effet.

Une expérience japonaise récente montre que les douleurs lombaires liées aux variations de la pression atmosphérique sont dues à la formation de bulles de gaz entre les vertèbres. Ce phénomène, d'autant plus marqué que les disques lombaires sont endommagés, s'observe surtout chez les personnes âgées, et peut concerner toutes les articulations. Un bon remède est de préserver ses articulations du froid et de l'humidité. Et rien ne vous empêche de boucler vos fins de mois en émettant des bulletins météo articulaires.

Frank Wong

Une des explications du genou baromètre est le traumatisme osseux – c'est-à-dire les œdèmes causés par les microfractures des os –, assez commun après une blessure au genou. Les variations de pression atmosphérique, en modifiant le volume des œdèmes au sein de l'os, causent la sensation douloureuse. Si cette explication est bonne, on peut faire deux prédictions vérifiables : le traumatisme osseux doit être visible au scanner, et la capacité du patient à prédire le temps doit décroître à mesure que disparaît le traumatisme.

Peter Hallas

3. Des plantes et des bêtes

Sommeil perché

Pourquoi les oiseaux ne tombent-ils pas quand ils dorment ? Au fait : dorment-ils ?

Graeme Forbes

Les pattes des oiseaux sont munies d'un dispositif spécial. Le tendon fléchisseur du muscle de la cuisse passe devant le genou, autour de la cheville et s'attache sous les phalanges. Il assure qu'au repos le poids du corps de l'oiseau provoque la flexion du genou, l'extension du tendon, et la fermeture des griffes.

Cela marche si bien que l'on a retrouvé des oiseaux accrochés à leur branche longtemps après leur mort.

Anne Bruce

Oui, les oiseaux dorment – et certains dorment même sur une patte ! Plus surprenant encore : on peut provoquer leur sommeil par hypnose. Mon myna indien *(Acridotheres tristi)* peut en témoigner.

Si vous voulez hypnotiser votre oiseau, approchez-vous de la cage et appliquez-vous à vous-même la vieille recette « votre tête est lourde comme du plomb » (il est inutile de le dire à voix haute), en abaissant doucement vos paupières. Faites comme si vous alliez vous endormir, et votre oiseau vous suivra ; il relèvera une patte, enfouira sa tête sous l'aile et tombera dans un profond sommeil.

Mais les amateurs d'oiseaux savent bien que la façon la plus simple d'endormir un oiseau est de recouvrir sa cage d'un tissu pour simuler l'arrivée de la nuit.

David Leckie

Les oiseaux dorment par séries de périodes très brèves. Les martinets mettent la tête sous une aile. La vision étant essentielle pour les oiseaux, ils dorment généralement la nuit, sauf les espèces nocturnes bien sûr.

Le rythme sommeil/veille des bécasseaux semipalmés *(Calidris pusilla)*, qui vivent dans les zones littorales, est quant à lui basé sur le rythme des marées.

D'autres espèces sont facilement bernées par la lumière artificielle. Les éclairages urbains peuvent donner des insomnies aux oiseaux chanteurs. L'éclairage d'un champ de course près de chez moi donne une illusion permanente de lever du jour : les rouges-gorges et les merles commencent à chanter vers 2 heures du matin. Et j'ignore si cela les fatigue autant que moi.

Andrew Scales

Le suicide du poisson rouge

Suite à un deuil récent, nous voudrions savoir pourquoi les poissons sautent hors de leur aquarium.

Rowan et Vicky White

Les aquariophiles connaissent bien ce problème, qui les incite souvent à poser une plaque de verre sur leur aquarium. Plusieurs théories sont en présence pour expliquer les « suicides » de poissons. L'une d'elles est que les poissons sautent parfois hors de l'eau pour tenter de se libérer de leurs parasites.

Il se peut aussi que votre poisson ait tenté d'échapper à une compagnie désagréable, ou des congénères agressifs, voire même de se livrer à un rituel de séduction original. Quoi qu'il en soit, je vous adresse mes sincères condoléances.

R. Rosenberg

Pour un poisson dans un aquarium, l'air de l'autre côté de la paroi ressemble à de l'eau. Et un proverbe poisson dit que l'eau est toujours plus claire de l'autre côté.

John Chapman

Psychologie du mouton

Pourquoi les moutons courent-ils tout droit devant les voitures au lieu de s'écarter ?

Aled Wynne-Jones

Les moutons, et bien d'autres animaux, courent tout droit car ils ne savent pas que les voitures ne peuvent rouler dans les fossés et franchir les haies. Les ancêtres des moutons étaient poursuivis par des loups et des chats sauvages. Si un animal poursuivi essaye de partir sur le côté, son prédateur a le temps de l'apercevoir et de changer de trajectoire pour l'attaquer. Mais si le mouton fait un écart au dernier moment (le lièvre est le maître de cette stratégie), il n'est pas rare de voir le prédateur, surpris, arrêté dans sa course ou roulant cul par-dessus tête.

La fuite du mouton devant une voiture n'est certes pas idéale, mais elle est moins mauvaise que la stratégie du hérisson…

Christine Warman

Les herbivores sont généralement tués par leurs prédateurs qui les attaquent de côté afin de les égorger. Pour eux, la meilleure protection est donc de garder le prédateur derrière eux, et d'empêcher tout dépassement. C'est pourquoi un kangourou, se voyant dépassé par une voiture, saute sur la route et se place devant la voiture, ce qui finit souvent très mal pour lui. Un mouton poursuivi par une voiture ira en ligne droite le plus vite possible aussi longtemps que persistera la menace.

G. Carsaniga

On sous-estime beaucoup les moutons. En réalité, ils courent tout droit pendant un certain temps (à perdre à laine), puis plongent sur le côté. Les pays à moutons sont souvent dotés de routes encaissées entre des talus ou des haies. Le mouton se dit que s'il ne parvient pas à battre la voiture à la course sur le plat, il aura encore moins de chances en escaladant le talus.

Seulement voilà : la voiture ralentit. Vient un moment où elle ne constitue plus une menace directe pour le mouton, qui en déduit qu'une voiture aussi lente serait incapable de le suivre sur le talus. Il s'y dirige donc, et comme les moutons sont rarement suivis par les voitures quand ils grimpent des talus et traversent des haies, ils en déduisent, à juste titre, que leur stratégie marche très bien.

Nous ferions bien, d'ailleurs, de nous en inspirer. Les humains, qui ont tendance à se jeter sur le bas-côté pour échapper aux voitures, sont plus souvent tués que les moutons. La logique ovine n'est pas si bête qu'elle en a l'air.

William Pope

Les moutons, animaux futés non dénués de psychologie, savent que la plupart des automobilistes, s'ils ne dédaignent pas un petit meurtre à l'occasion (vite expié par « il a sauté devant moi je n'ai rien pu faire »), n'ont pas pour seul but dans la vie de les occire. Courir tout droit est donc plus sûr que de prendre des risques en sautant n'importe où.

Erik Decker, Institut national vétérinaire,
Tjele, Danemark

? Friture éclair

Mon jeune voisin m'a demandé ce qu'il se passe quand un éclair touche l'eau. Les poissons sont-ils électrocutés ? Et qu'arrive-t-il aux passagers des bateaux à coque métallique ?

Chris Cooper

Quand un éclair touche la surface de l'eau, l'électricité peut rejoindre la terre d'une infinité de façons. Elle se répartit ainsi dans une demi-sphère en expansion rapide dont la capacité de friture décroît en proportion. Bien sûr, si un poisson était directement touché par l'éclair, il serait tué ou blessé.

La température au point d'impact – plusieurs milliers de degrés – a certainement pour effet d'évaporer l'eau. Cela provoque, sur une dizaine de mètres, une onde de choc capable de mettre à mal les poissons et de rendre sourds les plongeurs.

Andrew Healy

Pour être protégé d'un éclair, l'endroit idéal est l'intérieur d'un conducteur, comme une coque métallique de navire ou (si vous êtes un poisson) sous la surface de la mer.

Au siècle dernier, le physicien anglais Michael Faraday a montré qu'il n'y a pas d'électricité à l'intérieur d'un conducteur. Pour le prouver, il s'installa dans une cage métallique (appelée depuis « cage de Faraday ») et fit déclencher, en laboratoire, des éclairs sur la cage. Tout le monde fut ébahi de le voir sortir sain et sauf.

Eric Gillies

Oui, les poissons pètent

Pourquoi les poissons ne pètent-ils pas ?

Christine Kaliwoski

Votre lecteur est persuadé que les poissons ne pètent pas parce qu'il n'a jamais vu de bulles s'échapper du sien.

Le tube digestif des poissons produit pourtant bien

des gaz qui sont évacués comme chez les autres animaux. La différence est dans l'emballage.

Les pets des poissons, en effet, comme leurs déjections, sont emballés dans une enveloppe gélatineuse avant d'être évacués. Cela donne une capsule fécale qui flotte ou coule, c'est selon. Mais comme les poissons sont coprophages, ces déjections ne traînent jamais très longtemps.

Derek Smith

J'ai souvent vu mes poissons rouges péter, au grand déplaisir de mon anguille.

Je pense que cela se produit quand ils s'emparent de nourriture flottant en surface pour l'emporter au fond. Si l'air n'était pas rejeté d'une façon ou d'une autre, cela leur poserait des problèmes d'équilibre hydrostatique.

Peter Henson

La plupart des requins ajustent leur flottabilité grâce à leur squalène, une graisse de haute densité. Le requin taureau, *Eugomphodus taurus*, lui, a maîtrisé la technique du pet comme dispositif complémentaire. Il vient en surface, avale de l'air, puis l'expulse en pétant, selon la profondeur à laquelle il souhaite nager.

Alexandra Osman

Pourquoi les manchots n'ont pas froid aux pieds ?

Pourquoi les pieds des manchots de l'Antarctique ne gèlent-ils pas en hiver alors qu'ils sont en contact constant avec la glace ? J'ai entendu dire qu'ils étaient dotés d'une circulation sanguine séparée qui les empêchait de geler, mais cela n'a été confirmé par aucun des spécialistes à qui j'ai posé la question.

Susan Pate

Les manchots, comme tous les oiseaux vivant en climat froid, sont capables de limiter les pertes de chaleur et de garder une température corporelle proche de 40 °C. Les pieds posent un problème particulier : ne pouvant être recouverts d'une isolation à base de plumes ou de duvet, ils présentent une grande surface exposée au froid (la même question se pose d'ailleurs pour les autres mammifères arctiques, les ours polaires par exemple).

Deux phénomènes sont mis en jeu.

D'abord, le manchot contrôle le débit sanguin dans ses pieds en faisant varier le diamètre des vaisseaux qui y apportent le sang. Lorsqu'il fait froid, le débit est réduit, et accru quand il fait chaud. Nous faisons de même : c'est pour cela que nos mains deviennent blanches quand il fait froid et virent au rose s'il fait chaud. Les mécanismes de contrôle, très sophistiqués, impliquent l'hypothalamus et divers systèmes nerveux et hormonaux.

Ensuite, ils possèdent des « échangeurs de chaleur »

en haut des pattes, des sortes de radiateurs portables. Les artères qui apportent le sang aux pieds se divisent en une multitude de petits vaisseaux, couplés à autant de vaisseaux rapportant le sang froid en provenance des pieds. Ceux-ci ne reçoivent donc qu'une faible quantité de sang chaud.

En hiver, les pieds des manchots sont tout juste maintenus à une température de un ou deux degrés au-dessus de zéro – afin de minimiser les pertes de chaleur tout en évitant les gelures. Les canards et les oies ont le même dispositif, mais si on les garde au chaud pendant plusieurs semaines, et qu'on les mette dehors dans la neige, leurs pieds peuvent geler si leur physiologie n'a pas le temps de s'adapter aux nouvelles conditions.

John Davenport, océanographe

Je ne sais pas grand-chose sur la circulation sanguine de ces animaux, mais la question des pieds des manchots a une surprenante explication biochimique.

La liaison entre une molécule d'oxygène et une molécule d'hémoglobine est habituellement une réaction très exothermique : elle libère de l'énergie sous forme de chaleur. Généralement, une quantité de chaleur identique est absorbée par la réaction inverse, qui voit l'hémoglobine libérer de l'oxygène. Cependant, ces réactions se produisant à des endroits différents dans l'organisme, des changements de la nature du milieu (acidité, par exemple) peuvent se traduire par des gains ou des pertes de chaleur pour l'organisme.

La valeur de la chaleur libérée varie selon les espèces. Chez les manchots, elle est bien plus faible dans les tissus périphériques froids, tels les pieds, que chez les hommes. Cela a deux effets bénéfiques. D'abord, l'hémoglobine de ces oiseaux absorbe moins de chaleur lors de la désoxygénation, ce qui fait que les pieds ont moins de chances de geler.

L'autre avantage est une conséquence des lois de la thermodynamique (l'étude de la chaleur). Il se trouve que dans toute réaction réversible, y compris celle d'oxygénation / désoxygénation de l'hémoglobine, le froid favorise la réaction exothermique. À basse température, l'oxygène est donc davantage absorbé par l'hémoglobine chez la plupart des espèces, et plus difficilement libéré.

Ce phénomène a d'autres conséquences bizarres. Chez certains poissons antarctiques, la chaleur est libérée lors de la désoxygénation. Cela atteint des sommets chez le thon, qui peut accumuler tant de chaleur en libérant de l'oxygène qu'il se maintient à une température de 17 °C au-dessus de celle de son environnement.

L'inverse se produit chez les animaux qui doivent rester frais à cause d'un métabolisme spécialement actif. La poule d'eau extrait moins de chaleur que le pigeon de l'oxygénation de son hémoglobine, de façon à voler sur de longues distances sans « surchauffe ».

Le fœtus humain doit aussi perdre de la chaleur, et son seul lien avec l'extérieur est le sang de la mère parvenant par le cordon ombilical. Davantage de chaleur est absorbée par désoxygénation du sang de la mère que par oxygénation du sang du fœtus. Ce dernier peut donc évacuer la chaleur excédentaire.

Chris Cooper et Mike Wilson, université d'Essex, Colchester

Poisson vole

Pourquoi les poissons volants volent-ils ? Est-ce pour échapper aux prédateurs, pour attraper des insectes ou pour nager plus vite ?

Julyan Cartwright

L'explication classique est que les poissons volants tentent d'échapper aux prédateurs, spécialement aux dauphins. Ils ne chassent pas les insectes, qui sont d'ailleurs rarissimes en pleine mer.

Il a été suggéré que ces vols (en réalité, les poissons volants planent, et ne battent pas des ailes) sont destinés à économiser l'énergie. C'est peu probable, puisque la phase de décollage résulte de vigoureux battements de queue (50 à 70 battements par seconde) impliquant des muscles à métabolisme anaérobique très gourmands en énergie.

Les yeux à facettes planes de ces poissons leur permettent de voir aussi bien dans l'eau que dans l'air. Il semble qu'ils soient en mesure de choisir leur site d'atterrissage. Volent-ils vers des zones riches en nourriture ? Nul ne le sait.

L'hypothèse de la fuite devant les prédateurs semble bien être la meilleure. Elle explique pourquoi les poissons volants sont si effrayés par les bateaux, qu'ils prennent pour une menace.

John Davenport, océanographe

À strictement parler, le poisson volant ne vole pas ; il pratique un vol à voile propulsé par ses battements de queue. Il parvient à sauter jusqu'à 100 mètres de distance grâce à des battements vigoureux de ses nageoires pectorales. La seule raison de ce comportement semble être la fuite devant les prédateurs. Si l'on s'arrache au merveilleux spectacle des nageoires iridescentes d'un poisson volant en action, on verra souvent, juste sous la surface, un poisson plus volumineux filer dans son sillage.

Tim Hart, La Gomera, îles Canaries

J'ai vu des bancs entiers de poissons volants prendre l'air pour échapper à des thons, et quelques minutes plus tard des bancs de thons sauter hors de l'eau pour échapper à des dauphins.

Le pont d'un yacht traversant l'Atlantique, au petit matin, est généralement couvert de poissons volants tout prêts pour le petit déjeuner de ceux qui n'ont pas peur des arêtes. Sans doute les poissons voulaient-ils échapper à un prédateur (le bateau, en l'occurrence) et ont-ils atterri sur le pont à cause d'une vision nocturne défectueuse. On n'en voit presque jamais sur le pont le jour. Il arrive qu'ils atterrissent dans le cockpit, voire même qu'ils se trouvent en route de collision avec la tête du skipper.

Don Smith

Fort comme un champignon

Près de chez moi, des champignons poussent dans le trottoir, qu'ils ont fendu en plusieurs endroits. Comment un organisme aussi mou qu'un champignon peut-il passer au travers de plusieurs centimètres d'asphalte ?

John Franklin, Londres

Les champignons qui traversent l'asphalte sont certainement des coprins « noirs d'encre » *(Coprinus atramantarius)*, qui poussent sur des débris végétaux. Leurs tiges fonctionnent exactement comme des béliers hydrauliques.

La pression verticale résulte de la « pression de turgescence » des cellules qui constituent la paroi du pied du champignon. Ces cellules croissent à la verticale par addition de matériau membranaire le long de la tige.

La structure principale de ces cellules est un faisceau hélicoïdal de fibres de chitine, noyées dans une matrice, de sorte que les membranes cellulaires sont assez semblables à de la fibre de carbone. La chitine est un biopolymère très résistant (celui-là même qui constitue l'exosquelette des insectes) qui confère une excellente résistance latérale aux parois de la cellule du champignon : la pression cellulaire est donc tout entière confinée à la verticale. L'eau pénètre dans la cellule par osmose, et la pression de turgescence qu'elle génère permet au champignon de percer sans difficultés une couche d'asphalte.

Ce phénomène a été étudié il y a soixante-quinze ans par Reginald Buller, qui mesura la pression en posant des poids sur un champignon placé dans un tube à essais. Il trouva une pression égale aux deux tiers de la pression atmosphérique.

Les cellules sont dotées d'un système de capteur qui les met dans une position verticale. Un champignon posé sur le côté se remet rapidement à pousser verticalement.

Graham Gooday, université d'Aberdeen

Une épaisseur d'asphalte de 5 centimètres ne représente pas grand-chose pour la puissance d'un champignon. Un gros coprin chevelu *(Coprinus comatus)*, dans une rue près de chez moi, a soulevé une plaque de pierre de 60 centimètres par 75 et de 4 centimètres d'épaisseur, en 48 heures.

Les champignons poussaient très bien dans les fonderies, à partir du crottin de cheval employé pour préparer la terre de moulage. On y a souvent vu des champignons soulever des morceaux de fonte. Il s'agissait sans doute d'*Agaricus campestris* ou de champignons analogues. Le mécanisme qui leur permet de tels exploits est tout simplement la pression hydraulique des cellules, ou pression de turgescence.

Comme l'a montré Buller, l'exquis et fragile *Coprinus sterquilinus* exerce une pression verticale approchant les 250 grammes pour une tige de 5 millimètres d'épaisseur. On imagine aisément qu'un champignon plus gros puisse facilement percer une route.

Richard Scrase, éleveur de champignons à Bath

Fourmi cro-ondes

J'ai été très surpris de voir des fourmis, qui se baladaient sur ma tasse de thé, sortir indemnes du four à micro-ondes. Comment font-elles pour survivre ?

Judith Kelly

La réponse est très simple. Dans un micro-ondes normal, les ondes sont séparées par un certain espace, car cela suffit à cuire les aliments. Les fourmis sont

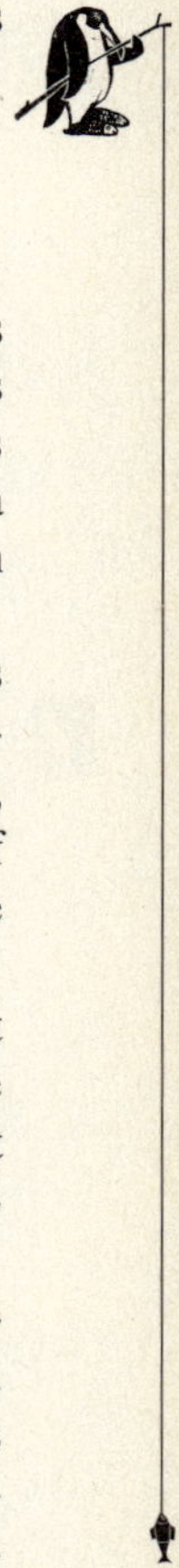

si petites qu'elles se placent aisément entre les ondes.

Li Yan

Ce qui sauve les fourmis, c'est qu'il s'établit dans le four des ondes stationnaires. À certains endroits du four, la densité d'énergie est très forte, et très faible à d'autres endroits. C'est d'ailleurs pour cela que les fours sont équipés de plateaux tournants afin que la nourriture soit chauffée uniformément.

On peut observer les motifs d'ondes stationnaires en plaçant dans le four un plateau rempli de marshmallows. Au bout de quelques secondes de chauffage, on voit des bandes de cuisson apparaître. Mais le motif varie avec ce qui se trouve dans le four. Une tasse de thé ne donne pas le même motif qu'une tarte.

La fourmi doit ressentir des régions chaudes et froides, et choisir les plus froides. Même si elle reste un peu dans une zone chaude, son fort rapport surface / volume lui permet de se refroidir rapidement.

Une fausse rumeur veut que les fours à micro-ondes soient trop gros pour chauffer des petits objets. Les chimistes ont montré que cela est faux. Certains catalyseurs dispersés au sein d'un substrat, et typiquement de la taille du micron (un millième de millimètre), fonctionnent en absorbant les micro-ondes. Or, ils marchent très bien au four à micro-ondes.

A.G. Whitaker

Dans un four à micro-ondes, l'énergie est très faible à proximité des parois métalliques. Les champs électromagnétiques sont « écrantés » par les parois conductrices, de même qu'une impulsion donnée par un enfant à une corde attachée à un arbre est réduite à néant au contact de l'arbre.

Pour le vérifier, placez deux morceaux de beurre dans un micro-ondes dans deux soucoupes en polystyrène, l'une posée sur la sole du four, l'autre sur un verre renversé. Placez aussi un verre d'eau, et allumez le four. Le beurre perché va fondre bien plus vite que celui posé sur la sole.

Charles Sawyer

Mouche sèche

Comment font les moucherons pour voler sous la pluie sans être assommés par les gouttes ?

L. Pell

Une goutte de pluie engendre une onde de pression sur sa face avant. Cette onde repousse le moucheron qui s'écarte ainsi de la goutte. Les tapettes à mouches sont munies de trous afin de réduire au minimum cette onde de pression, faute de quoi les mouches s'échapperaient à tout coup.

Alan Lee

Le monde des moucherons est très différent du nôtre. À cause de la différence de taille, la collision entre une goutte de pluie et un moucheron ressemble à celle entre une voiture allant à la vitesse de la goutte et une personne mille fois moins dense qu'un être humain – quelque chose comme un ballon ayant la forme d'un homme. Le ballon rebondirait aussitôt, et n'éclaterait que s'il rencontrait un mur.

Tom Nash

Bourdon stationnaire

Ma petite amie m'assure qu'il est impossible d'expliquer le vol des bourdons. Il paraît que cela défie les lois de la physique. Dois-je la croire ?

Trobjørn Solbakken

Le vol impossible du bourdon est un exemple classique du danger des approximations. Il vient de la tentative d'appliquer à la bestiole l'équation fondamentale de l'aéronautique. Cette équation donne l'énergie nécessaire au vol en fonction de la masse de l'avion et de la surface de ses ailes. Dans le cas d'un bourdon, cela donne une valeur très élevée et quasiment inaccessible.

L'équation semble donc prouver que les bourdons ne volent pas, mais elle concerne le vol stationnaire et non le vol battu, ce qui la rend caduque. L'équation ne marche pas, mais le bourdon, lui, vole très bien.

Simon Scarle

Œuf qui roule…

Pourquoi les œufs sont-ils ovoïdes ?

Max Wirth

Il y a plusieurs raisons à cela. D'abord, leur forme leur permet de s'amasser de façon compacte dans le nid, en minimisant les espaces entre eux, ce qui a pour effet de réduire les pertes de chaleur. Ensuite, quand un œuf roule, il décrit une trajectoire circulaire en tournant autour de son « petit » bout. S'il tombe du nid et roule sur une surface à peu près plane, il a ainsi tendance à revenir vers le nid. Troisièmement, la forme ovoïde rend la ponte plus facile – si du moins l'œuf sort par le gros bout – que dans le cas d'une sphère ou d'un cylindre.

Mais en fait, la raison majeure est que cette forme s'adapte idéalement aux coquetiers. Aucune autre forme ne marcherait aussi bien.

Alison Woodhouse

La plupart des œufs sont ovoïdes car la présence de coins ou de pointes, outre qu'elle rendrait la ponte difficile, affaiblirait la structure. La forme la plus résistante est la sphère, mais des œufs sphériques auraient tendance à rouler loin du nid : pensons aux oiseaux qui nichent à flanc de falaise ! Les œufs ovoïdes, eux, roulent en tournant. D'ailleurs, on observe que les œufs des oiseaux qui nichent sur les falaises sont plus allongés que ceux des autres oiseaux, et qu'ils prennent, en roulant, un virage plus serré.

John Ewan

Les œufs sont ovoïdes à cause du processus de la ponte chez les oiseaux. L'œuf passe à travers l'oviducte grâce à des mouvements péristaltiques : les muscles de l'oviducte, une série d'anneaux, se détendent à l'avant de l'œuf et se resserrent derrière lui.

À son entrée dans l'oviducte, l'œuf, assez malléable, est sensiblement sphérique. Le mouvement de contraction à l'arrière de l'œuf tend à le déformer et à le rendre conique, tandis que l'autre bout garde une forme sensiblement hémisphérique. À mesure que l'œuf se calcifie et durcit, la forme se fige. Les œufs très mous des reptiles, au contraire, reprennent après la ponte une forme sphérique.

Il se peut que la meilleure compacité des œufs très ovoïdes dans le nid et leur faible rayon de braquage hors du nid tendent à favoriser les poules pondant des œufs très ovoïdes (pour autant que ce caractère soit héréditaire), mais la forme est la conséquence de la ponte plus qu'un résultat de la sélection naturelle.

A. MacDiarmid-Gordon

Porte-bonheur

Les oiseaux de ma région se nourrissent de petits insectes noirs. Comment se fait-il alors qu'ils se soulagent sur moi en larguant à haute altitude une matière blanche ?

M. Rogers, Norfolk, Grande-Bretagne

On croit à tort que le guano des oiseaux est constitué de leurs déjections. En fait, c'est leur urine. Les oiseaux évacuent de l'acide urique plutôt que de l'urée car c'est un solide insoluble. C'est leur façon d'économiser l'eau quand ils urinent – et de garder un rapport poids/puissance optimal.

Guy Cox, université de Sydney, Australie

La matière blanche qui constitue les fientes des oiseaux, et de nombreux reptiles, est leur urine. Les vertébrés les plus primitifs rejettent quasi directement les déchets azotés toxiques, car ils disposent de beaucoup d'eau avec laquelle diluer les substances azotées comme l'ammoniac.

Oiseaux et reptiles, cependant – en tout cas, les lézards et les serpents, dont je connais bien les déjections –, sont différents. Il semble que la conversion de leurs déchets azotés toxiques en un produit relativement insoluble et pâteux est une adaptation évolutive à la vie terrestre, c'est-à-dire à des écosystèmes pauvres en eau.

Dans de telles niches, il est essentiel de se débarrasser de ses déchets toxiques sans utiliser d'eau : les oiseaux et les lézards ont résolu le problème en rejetant une pâte d'acide urique insoluble et de faible toxicité.

Les oiseaux qui consomment de grandes quantités d'herbes, comme la grouse et le lagopède, produisent des excréments très semblables à ceux des cochons d'Inde. L'urine blanche et pâteuse se discerne à peine parmi les excréments.

Philip Goddard

Votre correspondant précédent oublie un fait important : l'oviparité. L'excrétion de déchets insolubles n'a rien à voir avec le rapport poids / puissance ou l'adaptation à des niches écologiques pauvres en eau. Elle résulte de ce que tous les oiseaux et de nombreux reptiles commencent leur vie à l'intérieur d'un œuf. Même les grands amniotes ovipares qui vivent dans l'eau à l'âge adulte, comme les manchots et les crocodiles, gardent la mémoire de ce temps où il était exclu de polluer leur espace vital avec des déchets toxiques solubles.

Örnóflur Thorlacius

Les oiseaux se débarrassent de leur urine à haute altitude car il est trop facile de ne pas rater sa cible à une altitude plus basse. Et leur déjection est blanche de façon qu'ils puissent voir, de là-haut, qui ils ont touché.

S.B. Taylor

Rouge ou blanche ?

Pourquoi y a-t-il des viandes rouges et des viandes blanches ? Et quelle différence y a-t-il entre les animaux donnant ces types de viandes ?

Tom Whiteley

La viande rouge contient des fibres musculaires riches en myoglobine et en mitochondries. La myoglobine, protéine semblable à l'hémoglobine des globules rouges du sang, sert à stocker l'oxygène dans les fibres musculaires.

Les mitochondries sont des organelles qui utilisent l'oxygène, à l'intérieur des cellules, pour fabriquer l'ATP (adénosine triphosphate) qui fournit l'énergie pour la contraction des muscles. Les fibres musculaires de la viande blanche, au contraire, contiennent peu de myoglobine et de mitochondries.

La couleur de la viande des divers animaux est due à la proportion de ces deux types de fibres musculaires. Les fibres des muscles rouges se fatiguent lentement, celles des muscles blancs plus rapidement. Un poisson rapide et actif comme le thon a une forte proportion de muscles résistant à la fatigue. Un poisson plus placide, comme la sole, a surtout des fibres blanches.

Trevor Lea

La couleur de la viande dépend de la concentration en myoglobine du tissu musculaire, substance qui est responsable du brunissement de la viande lors de la cuisson.

On dit toujours que le poulet et la dinde ont une viande blanche, mais ce n'est pas le cas des pattes de ces oiseaux élevés en plein air, dont la viande est carrément brune. Cela est dû à ce que les oiseaux prenant beaucoup d'exercice ont des muscles plus riches en myoglobine. Cela explique aussi pourquoi la viande de bœuf est rouge alors que celle du porc, moins actif, est blanche.

T. Filtness

D'un pôle à l'autre

Si l'on mettait un ours en Antarctique, est-ce qu'il survivrait ? Et des manchots survivraient-ils dans l'Arctique ?

Richard Davies

Des ours blancs survivraient probablement en Antarctique, et tout autour de l'océan Austral, mais ils y détruiraient la faune sauvage. Dans l'Arctique, les ours blancs se nourrissent essentiellement de phoques, surtout des bébés nés sur les plages ou la banquise. De nombreuses différences observées chez les phoques de l'Arctique et de l'Antarctique, en matière d'élevage des petits, tiennent certainement à la présence ou à l'absence des ours.

Les ours trouveraient quantité de mammifères et d'oiseaux se nourrissant de poissons sur les côtes antarctiques. Les manchots seraient particulièrement vulnérables car ils ne volent pas et vivent en terrain découvert ; il leur faut plusieurs mois pour élever un seul bébé. Les ours courent vite mais peu. Ils pourraient cependant attraper les plus gros bébés manchots et voler les œufs sans difficulté.

Dans l'Arctique, les ours chassent surtout en bord de banquise, là où la glace est suffisamment épaisse pour les supporter, et suffisamment fine pour que les phoques puissent y creuser des trous afin de respirer. Les nombreuses îles du nord du Canada, de l'Alaska et de l'Europe du Nord constituent des habitats parfaits. L'Antarctique étant plus froid et quasiment dénué d'îles, les ours vivraient sans doute à des latitudes plus basses dans l'Antarctique que dans l'Arctique.

On espère que personne ne tentera jamais d'introduire des ours en Antarctique. Ces prédateurs auraient tôt fait de décimer la faune et la flore indigènes qui n'ont aucune défense contre eux. Cela s'est déjà produit avec les hermines en Nouvelle-Zélande, les renards et les chats en Australie, et les rats sur bien des îles isolées.

De gros animaux lourds comme le sont les ours provoqueraient aussi de gros dégâts aux fragiles plantes et lichens de l'Antarctique. Le renne norvégien, par exemple, a détruit la plupart des plantes indigènes en Géorgie du Sud, île du sud de l'Atlantique où il a été introduit il y a quatre-vingts ans.

C.M. Pond, The Open University,
Milton Keynes, Grande-Bretagne

À ma connaissance, personne n'a jamais été assez bête pour introduire des ours en Antarctique ; mais il y a eu au moins deux tentatives pour introduire des manchots dans l'Arctique.

Ces manchots n'ont aucun rapport avec ce qu'on appelle communément « pingouin » *(Pinguinus impennis)*, espèce autrefois abondante sur les côtes de l'Atlantique Nord. Pour autant, ils se ressemblent beaucoup, spécialement le manchot empereur, et occupent des niches écologiques voisines.

Lors de l'introduction d'une espèce nouvelle, il doit exister une niche écologique disponible. Or, la plupart des niches occupées par les manchots antarctiques étaient prises par les pingouins arctiques. Ces derniers, cependant, se sont considérablement raréfiés au milieu du XIXe siècle, suite aux massacres perpétrés par les baleiniers. Les niches laissées vacantes convenaient parfaitement aux manchots empereurs, dont la viande riche en graisses et les œufs très protéiques avaient, de surcroît, un réel potentiel économique.

C'est sans doute ce dernier point qui a inspiré deux projets d'introduction de manchots antarctiques dans les eaux norvégiennes, à la fin des années 1930. Le premier, sous l'impulsion de Carl Schoyen de la Société norvégienne de protection de la nature, a lâché des groupes de neuf manchots empereurs à Røst, Lofoten, Gjesvaer et Finnmark en octobre 1936. Deux ans plus tard, la Fédération nationale de protection de la nature refit la même erreur en lâchant plusieurs gorfous macaroni et manchots du Cap dans la même région, alors qu'il était évident que ces animaux, plus petits que les empereurs, se trouveraient directement en concurrence avec les pingouins et les grands oiseaux de mer locaux.

Le résultat fut désastreux pour tout le monde, surtout pour les manchots. Parmi ceux dont le sort est connu, un empereur fut abattu par une femme qui l'avait pris pour un démon, et un gorfou macaroni fut attrapé à la ligne en 1944, ce qui montre qu'il avait tout de même survécu six ans.

Il apparut finalement que la vraie raison pour laquelle il s'avérait impossible de remplir les niches écologiques du pingouin disparu est précisément ce pourquoi les niches étaient vides : des oiseaux aussi gros ne pouvaient s'accommoder d'une population humaine trop développée. De fait, c'est l'accroissement de la présence humaine dans le Grand Sud qui menace les manchots dans leur habitat actuel.

Hadrian Jeffs

Espèce de truffe

Pourquoi la truffe des chiens est-elle noire ?

Rachel Colin (11 ans)

La plupart des chiens ont une truffe noire, mais pas tous. Les vizslas et les braques de Weimar ont une truffe assortie à leur pelage – respectivement rouge et argent – et les petits chiots ont souvent une truffe rose qui brunit avec l'âge. Mon berger des Shetland a gardé un intérieur des narines rose toute sa vie.

Les truffes sont noires pour se protéger des coups de soleil. Tout le corps des chiens est protégé par les poils, sauf cette partie qui serait sinon exposée à de sévères brûlures. Les chiens à truffe rose, sans poils ou avec des poils très fins sur les oreilles, doivent être enduits de crème solaire, comme les hommes, car ils risquent le même genre de cancer de la peau.

En outre, les éleveurs de chiens ont longtemps pensé qu'une truffe se devait d'être noire. Il n'y a là rien d'autre qu'une préférence esthétique appliquée aux chiens de race. L'homme est donc venu encourager la tendance naturelle aux truffes foncées.

Julia Ecklar

Les truffes noires contiennent de la mélanine, spécialement sous forme d'eumélanine brune ou noire. Les mélanocytes, les cellules qui la produisent, la sécrètent dans les cellules de la peau, et le soleil les brunit davantage. La mélanine des cellules de la peau protège l'ADN de la cellule des rayonnements ultraviolets nocifs émis par le soleil.

Jon Richfield

4. À boire et à manger

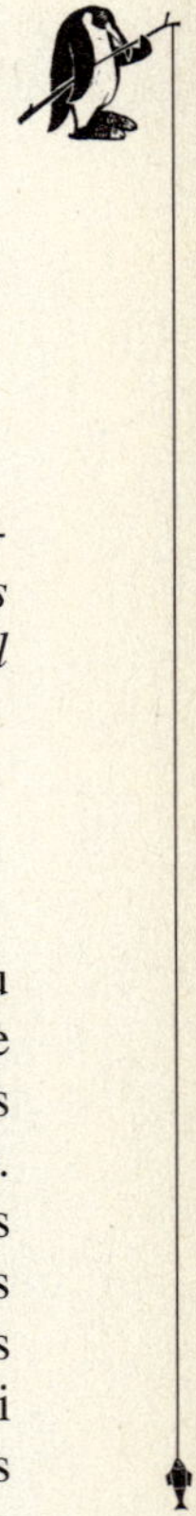

Peau de banane

Quand on met des bananes au frigo, elles brunissent plus vite, mais restent mangeables. Je crois que le brunissement est dû à l'oxydation, mais si tel est le cas, pourquoi se fait-il plus vite au froid ?

Alun Walters

Je ne recommande pas de mettre les bananes au frigo. Comme tout organisme vivant, la banane ajuste la composition, et donc la fluidité, de ses membranes cellulaires en fonction de la température ambiante. Elle y parvient en faisant varier la proportion d'acides gras insaturés dans les lipides de la membrane : plus il fait froid, plus grande sera la proportion d'acides gras insaturés, et plus la membrane sera fluide. Si l'on refroidit trop le fruit, certaines zones de ses membranes cellulaires deviennent trop visqueuses et perdent leur étanchéité. Enzymes et substrats, ordinairement maintenus séparés par les membranes, peuvent alors se mélanger.

Une banane trop mûre, hors réfrigérateur, brunit selon le même mécanisme, mais dans ce cas la dégradation de la membrane est due au phénomène plus général de la sénescence des tissus. Avec les fruits tropicaux, le stockage à basse température est un vrai problème, tandis que les fruits des régions tempérées, pommes et poires, « tiennent » très bien à des températures faiblement positives. Je me demande donc s'il est très astucieux de mettre vos bananes au frigo. Et je me pose la même question pour les tomates, originaires d'Amérique du Sud, qui sont un fruit semi-tropical.

Alistair MacDougall, Institut de recherche alimentaire, Norwich, Grande-Bretagne

De nombreux fruits supportent bien le froid, mais la plupart des fruits tropicaux et subtropicaux (les bananes en particulier) le supportent mal. La température idéale pour les bananes est de 13,3 °C. En dessous de 10 °C, l'action des enzymes accélère le pourrissement, la peau noircit et s'amollit. Les enzymes, ordinairement stockées dans les cellules, sont libérées par les membranes cellulaires qui leur deviennent perméables. Un gaz, l'éthylène, joue un rôle important dans ce processus, comme d'ailleurs dans la défense contre les parasites.

Les deux enzymes responsables de la destruction de la plante sont la cellulase et la pectine estérase, qui attaquent respectivement la cellulose et la pectine. La destruction de l'amidon par les enzymes de type amylase est aussi impliquée dans le ramollissement de la peau de la banane et de sa chair.

Le noircissement de la peau est dû à l'action d'une autre enzyme, la polyphénoloxydase (PPO). C'est une enzyme qui, en présence d'oxygène, polymérise les phénols présents dans la peau en polyphénols assez semblables à la mélanine, qui donne sa couleur brune à la peau humaine bronzée.

La PPO étant inhibée par les acides, le jus de citron est employé pour empêcher le brunissement des pommes. Les bananes ont une faible acidité : c'est peut-être pour cela qu'elles brunissent aussi vite.

Pour empêcher le brunissement des peaux de banane, on peut les enduire de cire, ce qui bloque l'arrivée de l'oxygène.

M.V. Wareing

Le brunissement de la banane est bien un phénomène d'oxydation déclenché par le refroidissement, mais cette oxydation n'est pas accélérée par le froid.

Les bananes sont des fruits tropicaux, et leurs cellules sont endommagées par le froid. La détérioration des membranes cellulaires libère des amines phénoliques comme la dopamine, qui sont habituellement enfermées dans les vacuoles de la peau. Au contact des enzymes oxydantes (polyphénol oxydases) et de l'oxygène atmosphérique, la dopamine est oxydée et forme des polymères bruns qui constituent une barrière défensive. Une fois déclenché, le brunissement est favorisé par la chaleur.

Si vous voulez le vérifier, mettez une peau de banane au réfrigérateur pendant quelques jours. Elle reste jaune car, bien que les membranes cellulaires soient détruites par le froid, les oxydases ne fonctionnent pas à basse température. Sortez-la du frigo et laissez-la une nuit à l'air libre. L'oxydation de la dopamine va se traduire par une couleur noire le lendemain matin. Une peau de banane témoin, laissée à température ambiante, restera jaune car ses membranes cellulaires sont intactes.

Stephen Fry, université d'Édimbourg

À votre terpène !

Pourquoi les boissons à base d'anis, comme le Pernod ou le pastis, blanchissent-elles quand on leur ajoute de l'eau ?

Alexander Hellemans

Les boissons à base d'anis doivent leur goût à des molécules appelées terpènes. Ces terpènes sont solubles dans l'alcool, mais pas dans l'eau. Le pastis, titrant à peu près 40° d'alcool, maintient les terpènes dissous. En présence d'eau, la dissémination de ces molécules donne un liquide laiteux.

L'absinthe, dérivée de l'armoise et interdite dans certains pays (dont la France) pour sa toxicité, donne une solution verte. Les terpènes sont responsables des odeurs et saveurs de nombreuses plantes – le citron et le thym par exemple.

Thomas Lumley

On the rocks

Comment obtient-on de la glace transparente ? Celle du réfrigérateur est toujours pleine de bulles. J'ai essayé de filtrer et de bouillir l'eau, mais je n'ai jamais obtenu la glace transparente que l'on voit sur les publicités pour le whisky.

Philip Susman, université Monash, Victoria, Australie

Ce qui rend opaque la glace faite dans votre réfrigérateur, c'est l'eau du robinet utilisée, qui contient de l'air dissous (environ 0,003 % en masse). Quand la glace se forme dans le bac, les premiers cristaux apparaissent sur les côtés des compartiments à glaçons. Cette première glace est très pure car l'air qu'elle contient est repoussé vers l'eau encore liquide : l'air est beaucoup plus soluble dans l'eau que dans la glace.

Dès que la concentration de l'air dans l'eau atteint 0,0038 % en masse, l'eau ne peut plus dissoudre d'air et une nouvelle réaction a lieu. Quand l'eau gèle, l'air est évacué de la solution, et il forme des bulles dans la glace.

Les machines à glace du commerce produisent une belle glace transparente en faisant couler un filet d'eau sur des doigts métalliques glacés, ou dans des bacs à basse température. Cela congèle une partie de l'eau, le reste étant évacué avant que la concentration d'air ne devienne trop élevée. Quand la glace est assez épaisse, un léger chauffage des doigts métalliques permet de détacher des glaçons parfaits pour faire des photos publicitaires.

Mais sans machine à glace, votre lecteur ne fera pas de beaux glaçons.

Andrew Smith

Les bulles d'air apparaissent dans la glace quand le refroidissement de l'eau, trop rapide, entraîne des différences de température dans le glaçon. La glace se forme d'abord en surface car l'eau plus chaude et plus dense a tendance à couler. L'eau a en effet une densité maximale autour de 4 °C. En dessous de cette température, sa densité diminue.

La formation de glace en surface est favorisée par

le contact avec l'air froid. Il se passe la même chose quand un lac gèle. Les différentes parties du futur glaçon ayant des expansions différentes, il se crée des bulles d'air qui sont piégées par la couche de glace superficielle.

Pour éviter les bulles d'air, il suffit de refroidir l'eau très lentement et de façon homogène. Cela permet à l'air dissous de s'échapper avant que la surface du glaçon ne se solidifie.

Han Ying Loke

Les raisons de votre échec à obtenir une glace transparente tiennent peut-être à ce que, en faisant bouillir l'eau, vous avez attendu que l'ébullition soit terminée, ou à ce que votre eau, trop « dure », contient encore des ions.

Je vous conseille, afin d'évacuer l'air lors du refroidissement, d'utiliser du film étirable. Prenez de préférence un récipient en polystyrène et couvrez-le de film : cela donnera un refroidissement progressif à partir de la surface. Ne prenez pas une bouteille thermos, trop fragile.

Bien que la quantité de gaz évacuée ne dépende pas de la méthode employée, cette technique donne en surface un beau bloc de glace claire. La glace est plus trouble en profondeur : arrêtez dès que cette zone apparaît.

Jon Richfield

L'eau contient des gaz dissous. Quand elle gèle, ces gaz forment des bulles, qui sont piégées dans la glace, lui donnant son aspect opaque. Pour obtenir une glace transparente, il vaut mieux partir d'eau chaude plutôt que froide, car elle contient moins de gaz. Réduisez aussi la puissance de votre freezer pour laisser aux gaz le temps de s'évacuer. J'ai essayé : ça marche très bien.

Gabriel Souza

Je crains que votre lecteur n'ait été séduit par une photographie publicitaire où la glace est remplacée par un cube de Plexiglas, qui présente le gros avantage de ne pas fondre sous la chaleur des projecteurs de studio.

Martin Haswell

Mousse ou pas mousse ?

Quand on verse de la bière dans un verre bien sec, elle mousse. Si le verre est humide, elle ne mousse pas. Ainsi, en attendant que la première mousse ait disparu, on peut verser jusqu'en haut du verre sans faire de mousse. Pourquoi ?

H. Sydney Curtis

Toutes les boissons gazeuses sont des liquides sursaturés. Les gaz qu'ils contiennent devraient naturellement s'échapper du liquide, mais la formation des bulles est un phénomène compliqué.

Une bulle est d'abord minuscule, de l'ordre d'un dixième de micron (un dix millième de millimètre) de diamètre, et la pression sur ses parois est considérable : près de 30 atmosphères. Comme la solubilité d'un gaz augmente avec la pression (loi de

Henry), il se dissout à nouveau dès qu'une bulle commence à se former.

Les bulles se forment autour des poussières, des irrégularités du verre et autres rayures. Ces « sites de nucléation » sont hydrophobes (n'aiment pas l'eau) et permettent à de petites poches de gaz de se former sans qu'elles soient immédiatement détruites. Une fois qu'elles atteignent une taille critique, elles donnent une bulle dont le diamètre est suffisant pour que la pression, modérée, ne remette pas le gaz en solution.

D.P. Maitland, Département de biologie appliquée, université de Leeds

Un autre effet intervient aussi. Si le nombre de bulles par unité de volume atteint un certain seuil, la création de nouvelles bulles est favorisée.

La nucléation est favorisée par les impuretés. De minuscules cristaux de sels (comme le sulfate de calcium) se trouvent souvent sur les parois des verres que l'on a laissés sécher à l'air libre après les avoir lavés avec une eau dure (contenant du calcium). Des fibres textiles, vestiges de l'essuyage du verre, ou des particules de poussière sont aussi fréquentes. Et tout verre usagé comporte des rayures, fussent-elles microscopiques.

Quand l'intérieur du verre est humide, les cristaux de sels sont dissous et les fibres textiles ne jouent plus le rôle de sites de nucléation. Les poussières et les rayures sont encore là, mais recouvertes d'eau, de sorte que le gaz carbonique ne les atteint que lentement, par diffusion. Des bulles seront toujours produites, mais trop lentement pour que le seuil critique soit atteint : la mousse ne se formera pas.

Allan Deeds

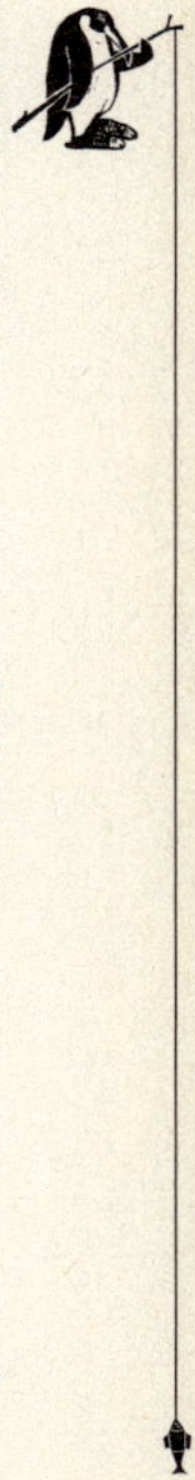

Pour vérifier le phénomène décrit ci-dessus, prenez un verre et recouvrez sa face interne d'huile, qui isole les parois bien mieux que l'eau. Versez-y ensuite de la limonade. Il n'y aura pratiquement aucune effervescence. Ajoutez quelques millions de sites de nucléation en versant une cuillerée de sucre en poudre : l'effervescence sera volcanique !

Ronald Blenkinsop

La fabrication des verres a atteint un tel degré de perfection que certains fabricants introduisent volontairement des imperfections, surtout dans les verres à bière, de façon qu'ils produisent une mousse raisonnable.

Tony Flury

Oignon, pas ça !

Pourquoi pleure-t-on quand on coupe des oignons ? Comment faire pour l'éviter ?

Stephen Mitchell

On trouve dans l'ail et l'oignon des dérivés soufrés contenant des acides aminés. Ils donnent à l'oignon son goût délicieux mais, quand on coupe un oignon, un de leurs composés, le S-1-propenyl-cystéine-sulfoxyde, est cassé par une enzyme pour donner du propanthial S-oxyde, qui est volatil et irritant. C'est lui qui fait pleurer.

Au contact avec l'eau – en l'occurrence vos yeux –, ce composé s'hydrolyse en propanol, acide sulfurique et sulfure d'hydrogène. L'œil tente de diluer l'acide en produisant des larmes. Pour empêcher cet effet désagréable, vous pouvez soit arrêter de manger des oignons, soit mettre des lunettes quand vous les coupez, soit les couper sous l'eau ou, du moins, les garder bien humides.

Bernd Eggen

Pour réduire l'effet lacrymal des oignons, il faut que la substance irritante ait le temps de se disperser avant d'arriver à vos yeux. Mettez-vous donc aussi loin que possible de l'oignon en tendant les bras, et évitez de vous mettre au-dessus.

Il est aussi conseillé de respirer par la bouche : la substance irritante est ainsi dirigée vers les poumons lors de l'inspiration, ou éloignée du visage lors de l'expiration. Pour y parvenir, tenez une cuiller entre vos dents, cela vous aidera à ne pas respirer par le nez.

C. Burke

Les lentilles de contact empêchent efficacement l'irritation des yeux quand on coupe des oignons.

Elaine Duffin

Il faut placer sous sa lèvre supérieure une tranche de citron. On a l'air un peu bête, mais on ne pleure pas.

Sheila Russell

Je suggère de tenir un morceau de sucre entre ses dents, pour absorber la substance irritante. Une allumette marche aussi très bien.

Michel Thuriaux

Tenez entre les lèvres un morceau de pain. Cela nous a été enseigné en Tanzanie dans les années 1960, par notre cuisinier Victor Mapunda.

John Nurwick

Un rouge bien secoué

On nous conseille de bien décanter et aérer le vin avant de le boire. Au risque de passer pour un criminel, ne serait-il pas plus efficace de le mettre dans un shaker, de le secouer, puis de laisser disparaître les bulles avant de le boire ?

Chris Jack

On laisse le vin reposer afin de laisser s'amorcer l'évaporation des substances volatiles porteuses d'arômes, qui donnent au vin son bouquet. Secouer un vin mène à tout à fait autre chose : cela favorise la dissolution d'oxygène et donc l'oxydation du vin, ce qui est très différent.

Pour certaines boissons, cela peut avoir un effet favorable. Mais il se trouve que l'oxydation du vin donne du vinaigre ! À la bonne vôtre…

Paul Mavros

Les raisons données pour laisser décanter les vins rouges ont changé ces dernières années suite à deux nouveautés : l'une concerne la technologie de la vinification, l'autre une évolution du goût des amateurs.

La raison avancée auparavant était de séparer le vin des précipités organiques, agrégats d'acide tartrique, tannins et résidus divers résultant de la presse des grappes et de la maturation du jus de raisin.

Les précipités mis en suspension par les manipulations étant minuscules et d'une densité voisine de celle du vin, la physique assure qu'ils ne sédimenteront que très lentement. C'est pourquoi les machines à décanter font tout pour éviter les mouvements brusques des bouteilles.

L'aération du vin, de son côté, développe ses arômes secondaires. Trop aérés, des vins âgés peuvent ainsi perdre les arômes qui leur restent. Des vins plus jeunes, ou élevés en fûts de chêne, davantage appréciés aujourd'hui, y gagnent en revanche beaucoup.

En Italie, où des techniques nouvelles de vinification ont été testées, la décantation consiste souvent à verser le contenu de la bouteille dans un décanteur, ce qui génère une intense turbulence et une oxydation du vin.

Oliver Straub

Thé à l'oxygène

Les amateurs de thé affirment qu'il faut utiliser de l'eau fraîche pour remplir la théière. Pourquoi ne peut-on utiliser de l'eau déjà bouillie, par exemple ?

Ivor Williams

La raison de cette recommandation est que l'eau fraîche est plus riche en oxygène. Elle donnera un meilleur thé, car l'extraction des arômes des feuilles est favorisée par l'oxygène.

Cela peut se vérifier en mettant la même quantité de thé dans deux verres et en remplissant l'un d'eau fraîche, l'autre d'eau déjà bouillie. Au bout de deux ou trois minutes, le premier sera beaucoup plus corsé que l'autre.

J.R. Stafford, Marks & Spencer, Londres

On m'a dit, quand j'étais petit, que l'eau fraîche, plus oxygénée, donnait un meilleur thé. De l'eau ne sortant pas du robinet ou, pire, déjà bouillie, contient moins d'oxygène. La norme britannique 6008, qui décrit dans le détail comment faire le thé, dit que l'eau doit être fraîchement bouillie mais pas qu'elle doit être fraîche. Elle précise aussi que le lait doit être versé avant l'eau, afin qu'il ne caille pas.

Comme cette norme est identique à la norme internationale ISO 3103, une autre question se pose : pourquoi ne peut-on boire un thé correct hors de Grande-Bretagne ?

N.C. Friswell

La raison pour laquelle il faut faire le thé avec une eau fraîchement bouillie est qu'une ébullition prolongée chasse l'oxygène de l'eau, ce qui donne au thé un goût « plat ». Mes propres expériences pour comparer les modes d'ébullition n'ont guère montré de différence, même avec du thé de haute qualité infusé pendant cinq minutes.

Je suis certain que la différence, si elle existe, est indiscernable en employant des sachets de thé du commerce.

David Edge

Je vois qu'il existe au moins un lecteur qui ne croit pas à la nécessité de l'eau fraîche pour faire le thé.

Lors d'une situation d'urgence à l'étranger, on nous a demandé de faire bouillir notre eau potable pendant plusieurs minutes. Cela n'a pas changé le goût du thé. L'un d'entre nous eut alors l'idée d'utiliser une cocotte-minute pour accélérer la manœuvre de stérilisation. L'eau était bonne à boire et pour faire la cuisine, mais pour le thé, le résultat était catastrophique.

Il m'est aussi arrivé de boire du thé à 2 100 mètres d'altitude, où la température d'ébullition est inférieure à 100 °C, et je n'ai décelé aucun changement de goût. Les planteurs de thé qui m'accompagnaient non plus.

Je crois donc que cocotte-minute mise à part, le facteur déterminant est la durée de l'infusion.

A.C. Rothney

A.C. Rothney sera peut-être surpris d'apprendre que c'est sa cocotte-minute qui est responsable de son thé imbuvable. Ce n'est pas la température d'ébullition très élevée qui en est la cause, mais l'aluminium dissous dans l'eau. Quand la plupart des bouilloires étaient en aluminium, le mode d'emploi stipulait d'y faire bouillir plusieurs fois de l'eau avant de l'utiliser. Ces ébullitions répétées avaient pour objet de revêtir l'intérieur de la bouilloire d'une fine couche protectrice d'oxyde d'aluminium.

Lorna English

La nécessité d'utiliser de l'eau fraîche pour faire le thé n'a rien à voir avec l'oxygène. Elle tient aux sels métalliques dissous, surtout les chlorures, sulfates et carbonates de calcium et de magnésium présents sous forme d'impuretés dans l'eau du robinet, et qui affectent le goût et la couleur du thé.

L'effet de ces sels sur la couleur du thé peut être démontré en comparant un thé fait à partir d'eau pure et fraîche (désionisée ou faite avec de la glace du congélateur) avec un autre fait à partir d'eau fraîche du robinet. Les sels présents dans l'eau du robinet donnent une infusion plus foncée et plus trouble, à cause de la présence de précipités insolubles.

Faire bouillir l'eau du robinet a pour effet de précipiter les carbonates, sels solides que l'on retrouve par exemple au fond des bouilloires. Si l'eau est dure, des ébullitions répétées finiront par enlever la plupart des sels, mais laisser l'eau bouillir lentement, sans refroidissement, n'aura pas cet effet.

Il y a trois raisons pour lesquelles une ébullition répétée, suivie d'autant de refroidissements, donne un thé moins bon. D'abord, certains carbonates précipités restent en suspension sous la forme d'une mousse blanche, même après une nouvelle ébullition, et ils influent sur le goût du thé davantage que les carbonates dissous.

Ensuite, les sels de l'eau qui ne précipitent pas se concentrent par évaporation, donnant des goûts désagréables. Enfin, les traces de métaux, fer et cuivre, s'accumulent dans l'eau bouillie plusieurs fois et réduisent les phénols du thé par oxydoréduction, ce qui a un impact redoutable sur le goût.

M.V. Wareing

Souffrant d'addiction à la caféine, j'ai de méchants maux de tête si je passe plus d'une journée sans boire de thé. Afin de ne pas être gêné lors de randonnées durant plusieurs jours, j'ai essayé de laisser un sachet de thé dans une bouteille d'eau pendant quelques heures. Cela a marché. Cela me donnait ma dose de caféine, et cela avait le goût du thé froid. Je n'ai pas encore essayé de faire une telle infusion à froid, puis de la mettre au four à micro-ondes, mais je suis sûr que cela donne un thé buvable.

Syd Curtis

Je dois m'inscrire en faux contre les idées de R.C. Rothney. Mon père était goûteur de thé et voyait tout de suite si l'eau avait bouilli trop longtemps. Comment faisait-il ?

Les eaux dures (et toutes les eaux contiennent plus ou moins de sels) infusent plus lentement que les eaux très pures ou légèrement basiques. Si l'on fait bouillir une eau dure plus qu'une demi-minute, les sels dissous précipitent dans la bouilloire. L'eau qui en résulte est alors moins dure que ce qui était attendu. Elle donnera un thé plus foncé, qui infusera plus vite qu'à l'ordinaire.

Les producteurs de thé parviennent à une qualité homogène en dosant leurs mélanges différemment selon la qualité de l'eau de telle ou telle région. Une eau trop dure peut être artificiellement adoucie par une pincée de bicarbonate, mais la couleur que prend le thé et son changement de goût le rendent parfois imbuvable par la plupart des amateurs – y compris par les goûteurs professionnels.

Bernard Howlett

L'effet tire-bouchon

Quand on coupe un coin d'une brique de lait et que l'on verse, le lait prend une forme spiralée. Comment se fait-il qu'un liquide prenne spontanément cette forme ? J'ai remarqué que plus l'ouverture est petite, plus le lait fait de spirales.

David White

L'effet tire-bouchon que vous observez n'est que la partie inférieure du tourbillon qui occupe l'intérieur de la brique de lait. La force en action est la force de Coriolis, qui est responsable de tous les mouvements spiralés que vous pouvez observer dans la nature. Une bouteille renversée donne le même effet, mais il est moins évident à cause de la forme de l'ouverture.

Quand le lait passe l'ouverture, sa vitesse augmente. Cela accroît la force de Coriolis, qui est proportionnelle à la vitesse des objets sur lesquels elle s'applique et à leur distance à l'axe de rotation. Cela donne donc une forme en spirale.

John Lenton

La spirale formée par le lait dépend de la forme de l'ouverture (cela marche mieux si elle est fine et allongée), de la différence de pression entre l'intérieur et l'extérieur du récipient et de la tension de surface du lait, mais pas du tout de la force de Coriolis comme le suggère John Lenton.

La force de Coriolis existe bel et bien. À cause de

la rotation de la Terre, tout fluide est soumis à une accélération (dite de Coriolis, du nom du physicien français Gaspard Coriolis, 1792-1843) perpendiculaire à sa vitesse. Dans l'hémisphère Nord, l'accélération de Coriolis fait tourner les dépressions et les cyclones en sens inverse des aiguilles d'une montre. Dans l'hémisphère Sud, c'est l'inverse.

Cet effet météorologique à grande échelle a mené à la rumeur selon laquelle les baignoires se vident dans le sens des aiguilles d'une montre dans l'hémisphère Sud, dans le sens inverse dans l'hémisphère Nord, et tout droit, sans que l'eau tourne du tout, à l'équateur. En réalité, la force de Coriolis est bien trop faible pour avoir le moindre effet sur les baignoires et les briques de lait.

Pour l'observer dans un récipient, il faut prendre mille précautions (récipient à faible frottement et symétrique, contrôle des courants thermiques) et surtout laisser reposer l'eau pendant au moins une journée, afin que tout mouvement résiduel de l'eau disparaisse.

Raymond Hall

La réponse de John Lenton n'est pas tout à fait correcte. Il est vrai que la spirale observée est une partie de celle qui occupe la brique de lait, mais il est faux de l'attribuer à la force de Coriolis.

C'est l'« effet patineur » qui est à l'œuvre. La moindre impulsion donnée à la brique met le lait en mouvement. Quand le lait sort par le trou, son moment cinétique de rotation est conservé et, comme il passe par un espace plus petit, sa vitesse de rotation augmente, comme ces patineurs qui rapprochent les bras de leur corps. C'est pour la même raison que l'effet est d'autant plus spectaculaire que le trou est petit.

Sonya Legg

L'art de la brique

Quand on verse du lait ou du jus de fruits d'une brique en carton, il faut le faire carrément, sous peine de voir le liquide adhérer au carton et se mettre à goutter. Pourquoi ?

Tom Khan

Quand on incline la brique pour verser, la surface libre du liquide se trouve au-dessus de l'ouverture. Cela crée une pression qui force le liquide hors de l'ouverture. En plus de cette pression, la tension superficielle a pour effet d'attirer le liquide vers les bords de l'ouverture. Si vous versez rapidement, la force de pression est très supérieure à la tension superficielle : le liquide va quitter la brique sans goutter.

Si vous versez lentement, la tension superficielle devient suffisante pour dévier le flux de liquide et l'amener à coller au carton. Or, une fois qu'il adhère à une surface, un liquide tend à y rester, sous l'effet de sa tension superficielle et d'un phénomène appelé « effet Coanda ». Cela est facile à observer en mettant une cuiller sous l'eau d'un robinet : en adhérant à la face convexe de la cuiller, l'eau est déviée de sa chute.

Le résultat de ces deux effets combinés permet au liquide de couler le long du carton… et d'arroser copieusement vos chaussures. Des expériences ont montré que quand les briques sont pleines, le

« glouglou » produit une oscillation périodique du jet qui engendre une adhésion du liquide, même versé rapidement, aux parois de la brique.

Bill Crowther, Division aérospatiale de l'université de Manchester

L'effet Coanda a été baptisé en l'honneur de l'ingénieur roumain Henri Coanda (1886-1972), qui inventa un avion à réaction doté de deux réacteurs situés vers l'avant de l'avion, de chaque côté du fuselage. Lors du premier vol d'essai, il vit, horrifié, les deux jets de flammes coller sagement au fuselage au lieu de sortir tout droit des réacteurs.

Trente ans plus tard, cet effet est utilisé couramment dans la fluidique, système de contrôle de machines où un petit jet de fluide suffit à en décoller un autre, plus gros, de la paroi à laquelle il adhère, et à l'orienter dans une autre direction.

John Worthington

On peut voir une photo du Coanda, le premier véritable avion à réaction, sur www.allastar.fiu.edu/aero/coanda.htm. La réponse suivante décrit une démonstration simple de l'effet.

Cet effet est dû à la tendance naturelle qu'ont les fluides en mouvement à adhérer aux surfaces contre lesquelles ils coulent. Allumez une bougie et posez une bouteille entre vous et elle de façon à la cacher. Soufflez sur la bouteille : la bougie s'éteint, car les courants d'air ont adhéré aux parois de la bouteille.

Richard Hann

Œuf œuf

Je viens d'acheter des œufs garantis « deux jaunes », et tous avaient effectivement deux jaunes. Comment le fermier qui les produit peut-il être sûr de cela ?

John Crocker

Ces œufs spéciaux sont un phénomène naturel incontrôlable. Les œufs à deux jaunes sont plus gros que les autres et sont mis de côté pour être testés un par un. Comme la demande excède de beaucoup l'offre, il faut être sûr de la présence des deux jaunes. On tient donc chaque œuf devant une forte lumière, les jaunes étant facilement visibles par transparence.

Graham Muir, Stone Gate Farmers Limited, Sussex

Essayez chez vous : vous serez surpris de tout ce que l'on peut discerner ainsi à l'intérieur d'un œuf.

Poêle à (la) convection

Quand on met de l'huile dans une poêle, sa surface s'orne de petites cellules en nid-d'abeilles dont la taille semble dépendre de l'épaisseur de l'huile. Pourquoi ?

Rex Watson

Les cellules que vous observez sont des cellules de convection, dites de Rayleigh-Bénard. Si la différence de température entre le fond de l'huile et la surface est faible, la chaleur est dissipée par transfert thermique (collision des molécules), ce qui n'engendre aucun mouvement de l'huile. Si la différence de température augmente, la convection, un mouvement d'ensemble des molécules, devient la façon la plus efficace de transférer la chaleur. L'huile chauffée étant moins dense, elle tend à s'élever vers la surface. Là, elle se refroidit au contact de l'air, et tend à couler à nouveau. Ce mouvement circulaire crée des petites cellules contiguës qui s'arrangent spontanément en nid-d'abeilles.

Ce phénomène – facilement observable à la cuisine – a généré beaucoup de recherches, et l'on sait aujourd'hui pourquoi la structure en nid-d'abeilles est favorisée. La forme des cellules de convection dépend de la géométrie du récipient utilisé. Des motifs hexagonaux semblent se développer de préférence dans des récipients circulaires, les autres engendrant plutôt des cellules rectangulaires de section carrée. Le mouvement cyclique du liquide (vers le haut, de côté, vers le bas, et à nouveau de côté) fait que la taille de la cellule dépend crucialement de l'épaisseur du liquide.

Bernd Eggen, université d'Exeter

C'est environ 20 secondes après le début du chauffage que démarre, brutalement, la convection. Dès que le gradient de température au sein du liquide atteint un seuil critique, les divers mouvements de convection, jusque-là isolés, trouvent plus efficace du point de vue énergétique de se rassembler. En partageant par exemple avec le mouvement voisin la phase de descente, on évite à coup sûr que deux courants opposés se rencontrent. Cette auto-organisation des cellules de convection donne une structure régulière optimale. Le nid-d'abeilles, par exemple, optimise la surface de chaque cellule.

Sous l'effet de cette coopération, la convection se fait plus vigoureuse, et l'on peut voir une petite fontaine s'élever au centre de chaque cellule. La force qui assure la pérennité de cette structure, malgré les perturbations mécaniques et thermiques, est le transfert de chaleur à travers la couche d'huile. De la même façon, un système biologique ne maintient son intégrité que parce qu'il assure un transfert d'énergie – sous forme de nourriture en l'occurrence.

Une augmentation brutale de la température mène à la destruction des cellules de convection, qui passent par plusieurs phases avant de disparaître dans un chaos complet.

Roger Kersey

On peut montrer que la cellule de convection idéale pour transférer de la chaleur du fond d'une poêle vers la surface est hexagonale, chaque cellule ayant un diamètre égal à la profondeur de l'huile. Le fluide chaud s'élève au centre de la cellule, refroidit en surface, puis redescend le long des parois de l'hexagone. Des motifs semblables à ceux d'une poêle à frire sont observés à la surface du Soleil.

Gary Oddie

Les lecteurs ci-dessus ont donné la bonne réponse, mais celui-ci souligne à juste titre que la convection de Rayleigh-Bénard n'est le bon modèle que si la profondeur de l'huile est suffisante.

Le comportement de l'huile dans une poêle à frire est l'exemple classique de la convection de Rayleigh-Bénard, qui produit des cellules hexagonales entre deux plans portés à des températures différentes. On sait que lord Rayleigh, physicien britannique (1842-1919), a donné une théorie du phénomène, mais on sait moins que cette théorie était fausse.

Rayleigh considérait une couche horizontale de liquide chauffée par en dessous. Il montra que la convection prenait la forme de cellules tournant en sens opposés sous l'effet des mouvements de fluides de densités différentes. Avec des arguments purement heuristiques, il estima la taille d'une cellule – et tomba par hasard sur une valeur voisine de celle trouvée par le physicien français Henri Bénard (1874-1939). Il calcula aussi la plus petite différence de température susceptible de provoquer la convection, mais trouva une valeur cent fois supérieure à celle que Bénard avait déterminée expérimentalement.

D'autres expériences étendirent les analyses de Rayleigh. On comprit que la surface du fluide n'était pas plane, mais soulevée à l'aplomb des remontées de fluide, et abaissée aux endroits où il plonge vers le fond. Or, Bénard observa exactement le contraire ! Il montra en outre que les cellules se formaient aussi quand on diminuait la température du fond, alors que Rayleigh prévoyait un arrêt du mouvement. L'instabilité a été observée en plaçant le liquide en dessous d'une plaque chauffante, et même dans l'espace, en gravité zéro !

À la fin des années 1950, un nouveau modèle pour la convection de Bénard expliqua que les mouvements de convection étaient en fait dus aux variations de la tension superficielle engendrée par les différences de température. Ce modèle prévoyait aussi un affaissement des centres des cellules de convection. En réalité, Rayleigh et Bénard avaient tous deux raison, l'effet de l'un ou de l'autre dominant selon les circonstances extérieures. Les forces de densité prédominent quand il n'y a pas de surface libre, ou quand l'épaisseur du fluide dépasse 10 millimètres ; dans les autres cas, c'est la tension superficielle qui l'emporte.

Quelles que soient les conditions de l'expérience, la force responsable de la convection doit surmonter le frottement visqueux avant de provoquer le mouvement du fluide. Pour les mouvements de densité, c'est le « nombre de Rayleigh » (rapport des forces de densité aux frottements) qui détermine le début de l'instabilité, alors que pour les mouvements dus à la tension superficielle, c'est le « nombre de Marangoni » (rapport des forces de tension aux frottements).

Pour les couches fines de fluides, l'instabilité de Rayleigh-Bénard donne des cellules hexagonales quelle que soit la forme du récipient. Pour des épaisseurs plus grandes, on observe une série de rouleaux d'axes parallèles aux parois. Quand la température augmente, ils prennent des formes polygonales, mais pas nécessairement hexagonales.

Richard Holroyd

Mou comme un petit Lu

Pourquoi un biscuit laissé une nuit en dehors de son sachet ramollit-il, alors qu'une baguette devient si dure que l'on pourrait assommer quelqu'un avec ?

Lorna Hall

Les biscuits contiennent beaucoup plus de sucre et de sel que les baguettes. Or le sucre et le sel sont hygroscopiques, c'est-à-dire qu'ils absorbent l'humidité de l'air. La texture dense du biscuit aide à conserver cette humidité par capillarité.

La baguette, elle, contient peu de sel, a une structure moins dense, et la farine n'est guère sensible à l'humidité. Essayez avec différents biscuits, des plus denses aux plus aérés. Vous verrez que l'« indice de ramollissement nocturne » s'accroît avec la concentration en sucre et en sel.

Chris Vernon

Une baguette devient sèche tandis qu'un biscuit Lu, par exemple, absorbe si bien l'humidité qu'il devient tout mou. J'ai fait des expériences là-dessus l'année dernière quand on nous a demandé à l'école si la cuisine était une science.

C'est la vapeur d'eau contenue dans l'air qui, attirée par le sucre, rend le biscuit mou. Les baguettes, contenant peu de sucre, deviennent toutes dures.

J'ai essayé avec trois types de biscuits : l'un fait avec du sucre en poudre, l'autre avec du miel, le troisième sans sucre du tout. Ce dernier avait perdu 2,17 grammes d'humidité au bout d'une nuit, et celui au miel 2,03 grammes, mais le premier avait gagné 1,23 gramme. Le biscuit au miel a perdu de l'humidité parce que l'humidité de l'air était inférieure à celle du biscuit.

Tom Winch (14 ans)

L'amidon contient environ 20 % d'amylose et 80 % d'amylopectine. Le secret du pain rassis, c'est la

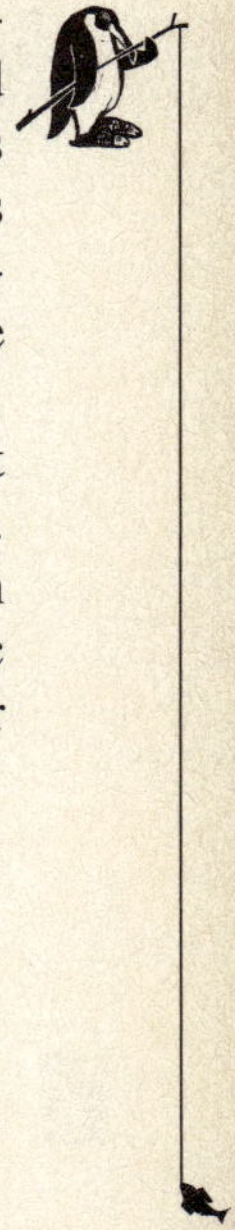

rétrogradation de l'amylose. Bien sûr, la perte d'humidité joue aussi un rôle, mais un pain qui ne perd pas d'eau rassit malgré tout. Les molécules linéaires d'amylopectine, dans les grains d'amidon, séparées par des molécules d'eau dans du pain frais, se rapprochent et se regroupent dans le pain rassis, le rendant cassant.

Ce processus dépend de la température. Il est maximal juste au-dessus de zéro, et ralenti en dessous. Des études montrent que le pain à 7 °C (dans un réfrigérateur) rassit aussi vite qu'à 30 °C. Il est donc inutile de mettre le pain au réfrigérateur pour le garder frais.

Allie Taylor

? Les fils du fromage

Pourquoi le fromage chauffé fait-il des fils ?

John Mitchell

Le fromage contient des molécules de protéines à longue chaîne plus ou moins enroulées dans une matrice désordonnée de molécules de graisses. Quand on le chauffe, les graisses et les protéines fondent ; étiré par une fourchette, ce fluide est filandreux. Si l'on tire sur un bout de fromage fondu, on obtient un filament, de même que l'on obtient un fil de coton en tirant sur un paquet de coton brut.

On peut faire de même avec le polyéthylène des sacs en plastique en les chauffant, ce qui a pour effet d'enrouler les molécules, ou en tirant dessus. Quand les molécules sont enroulées sur elles-mêmes, le plastique est mou. Quand elles s'étirent, le plastique devient très élastique dans la direction de l'étirement.

Jon Richfield

Quand le fromage fond, les molécules de protéines à longue chaîne fusionnent pour former des fibres, prises dans la masse du fromage fondu. Je crois que cette propriété est utilisée pour mesurer facilement le contenu en protéines d'un fromage. On tire un fil de fromage jusqu'à ce qu'il craque, et l'on compare la longueur d'étirement à celle d'un échantillon de contenu connu en protéines.

Mike Perkin

Théxplosion

Un de mes collègues a l'habitude de faire chauffer l'eau de son thé au micro-ondes. À plusieurs reprises, l'eau s'est mise à bouillir violemment quand il a plongé le sachet de thé dans l'eau. Il est même arrivé que l'ébullition commence au moment où la tasse était retirée du four, et soit si violente que 90 % de l'eau en a été expulsée ! Que se passe-t-il ?

Murray Chapman

Une partie de l'eau dans la tasse, surchauffée, reste à l'état liquide alors que sa température est bien supérieure à la température d'ébullition. L'eau ne bout pas car elle ne contient pas les sites de nucléation qui permettent aux bulles de se former.

Cela ne se produit jamais dans une bouilloire, car

la surface rugueuse de la résistance chauffante ainsi que les courants de convection de l'eau suffisent à faire partir l'ébullition. On connaît bien d'autres cas où la turbulence favorise les sites de nucléation – quand on verse un soda dans un verre, par exemple.

Dans le cas que vous rapportez, l'ajout d'un sachet de thé (ou une simple secousse) engendre la formation de bulles. Même si une grande partie de l'eau est en surébullition, une faible part se changera en vapeur. Je pense que si vous laissez une tasse très longtemps au micro-ondes et y introduisez des sites de nucléation, tout le contenu sera expulsé dans le four. Cette production explosive de vapeur fait qu'il faut prendre de grandes précautions avec les fours à micro-ondes.

Richard Barton

Les liquides en surébullition peuvent bouillir de façon explosive au moindre choc. J'ai assisté à l'explosion d'une bouteille d'eau qui venait d'être retirée d'un four à micro-ondes au laboratoire : l'eau et les morceaux de verre furent projetés dans toute la pièce. On peut éviter une telle catastrophe en laissant le récipient pendant une bonne minute avant d'ouvrir la porte du four. Cela permet au liquide de se refroidir et de s'homogénéiser. Je recommande cette procédure à tout le monde, y compris pour faire réchauffer son café.

Diane Warne

Jambon irisé

On voit souvent une irisation verte sur les tranches de jambon ou de bacon. Cela est-il inoffensif ? Et pourquoi la couleur verte disparaît-elle quand on chauffe la viande ?

Georgina Godby

Ce genre d'irisation se produit sur les aliments qui contiennent des traces de graisse dans de l'eau. Quand un tel mélange est refroidi, la graisse se sépare de l'eau en formant un film d'épaisseur microscopique, un peu comme l'essence sur une flaque d'eau.

Sur certaines viandes, comme le rôti de bœuf ou certains jambons, on voit parfois une belle opalescence. La couleur des opales résulte de la réfraction et de la diffraction de la lumière par un réseau microscopique de petites billes transparentes noyées dans une matrice ayant un indice de réfraction différent. Dans la viande, cet effet est causé par de minuscules sphères de graisse noyées dans le tissu aqueux du muscle. Si vous chauffez la viande, les gouttes fondent et la couleur disparaît.

Jon Richfield

La couleur verte que l'on observe parfois sur le jambon résulte de l'action de bactéries qui casse les molécules de myoglobine, destinées au transport de l'oxygène, en molécules de dérivés de la porphyrine. Ces dérivés sont des « hétérocycles » qui donnent la teinte verte que vous observez.

Stephanie Burton, Département de biochimie et microbiologie, université Rhodes, Grahamstown, Afrique du Sud

Mon père, alors qu'il travaillait dans le *bush* australien dans les années 1920, mangeait la viande soit fraîche, aussitôt après l'abattage de l'animal, soit après un long séjour sur une branche d'arbre, jusqu'à ce qu'elle prenne une teinte verte uniforme. La viande était mise dans un sac afin d'être à l'abri des mouches.

Mon père affirmait que la couleur verte était le signe que la viande n'était plus dangereuse à consommer. En tout cas, même si le goût de sa viande était fort altéré, cela ne l'a pas tué.

Jan Morton

L'iridescence est due à la diffusion de la lumière par une surface. Les ondes diffusées interfèrent entre elles pour donner un spectre dont la couleur dépend de la position de l'observateur. Cependant, si vous voyez un vert brillant et non une légère iridescence, laissez le morceau aux estomacs endurcis par la vie dans le bush *australien.*

Céréales grégaires

Qu'est-ce qui fait que les flocons de céréales ou d'avoine, versés dans du lait, ont tendance à s'agréger près du bord du bol ?

John Chapman

Cela est dû à un déséquilibre de la tension superficielle qui s'applique sur les bords du bol. Une petite expérience suffit pour le comprendre.

Il vous faut de l'eau du robinet, deux tasses en polystyrène et deux petits disques de polystyrène (environ 1 centimètre de diamètre) découpés dans une troisième tasse. Remplissez la première jusqu'à 1 centimètre du bord, et la seconde jusqu'au bord : elle doit être tout près de déborder, sa surface prenant une forme convexe sous l'effet de la tension superficielle.

Placez maintenant les disques de polystyrène au milieu de chaque tasse. Dans la première, vous verrez le petit morceau aller se coller au bord ; dans la seconde, le disque restera au centre de la tasse. Et si vous essayez de le forcer à bouger avec la pointe d'un crayon, il reviendra obstinément vers le centre.

L'explication est que les molécules d'eau sont davantage attirées par le plastique que par leurs voisines dans l'eau : elles se « précipitent » donc vers le disque de plastique, le soumettant à des forces qui s'équilibrent. Dans la tasse pleine à ras bord, en effet, l'eau fait un angle constant tout autour du disque : les forces se compensent et le disque ne bouge pas. Si l'on déplace le disque vers le bord de la tasse partiellement remplie, en revanche, l'angle que fait l'eau avec le bord du disque est réduit car la surface monte légèrement le long du bord de la tasse. Il y a déséquilibre des forces de tension superficielle, et le disque va se coller sur le bord.

Voilà pourquoi les flocons d'avoine se rassemblent au bord des bols, et les brindilles et les feuilles au bord des étangs.

Ray Hall

Il s'agit peut-être d'une stratégie de défense : les flocons se regroupent comme les bisons attaqués par un prédateur (vous). Ou alors c'est seulement dû à la tension superficielle du lait.

Per Thulin

Cette tendance qu'ont les grains de riz, d'avoine ou autres à s'agglomérer traduit leur capacité à se diriger spontanément vers le centre de gravité du groupe de leurs congénères. On appelle cela le « grain de bon sens ».

La recherche a montré qu'on observait un comportement tout différent en lâchant des êtres humains dans un grand bol de lait. Cet instinct grégaire disparaît complètement, ce qui prouve bien que les humains ne possèdent pas un grain de bon sens.

Martin Millen

Œufs vulcanisés

La plupart des substances fondent quand on les chauffe. Pourquoi, alors, les œufs durcissent-ils quand je fais des œufs brouillés ?

David Phillips

Le passage de l'état liquide à l'état solide, et inversement, n'est pas toujours lié à une fusion ou à un refroidissement ; les œufs brouillés et la polymérisation des plastiques en sont des exemples.

Le jaune et l'albumine (le blanc de l'œuf) doivent leur texture aux protéines globulaires qui les constituent. Elles forment des globules car les protéines, qui sont de longues molécules, s'enroulent sur elles-mêmes, et se stabilisent grâce à la répartition des charges électriques le long des molécules. Les charges situées à la surface des globules attirent les molécules d'eau et empêchent d'autres protéines de venir s'agglomérer.

Ces globules ne sont pas permanents, car les forces électriques ne sont pas très intenses. Il suffit de secouer vigoureusement, ou de chauffer, pour les défaire et exposer leurs charges électriques internes. On appelle cela une « dénaturation » car les protéines changent alors de fonction biologique. Les charges opposées, dans les molécules voisines, peuvent dès lors s'assembler et agglomérer les protéines en amas très épais. Et il se trouve que nos enzymes digestives défont ces amas plus facilement que les protéines non dénaturées. Conclusion : bon appétit !

Jon Richfield

Quand on chauffe un solide, comme de la glace, on donne de l'énergie à ses molécules, ce qui leur permet de casser les liens chimiques qui les maintenaient à l'état solide. À l'état liquide, elles ont suffisamment d'énergie pour se déplacer, mais pas assez pour se libérer de l'attraction de leurs voisines, comme c'est le cas à l'état gazeux.

Quand on chauffe un œuf cru, un processus bien différent a lieu. L'œuf est constitué de protéines dispersées dans l'eau, ces longues chaînes moléculaires étant pelotonnées sur elles-mêmes sous l'action des liaisons chimiques. Ces liaisons se cassent et les protéines se déplient et se lient avec d'autres molécules pour former un réseau qui retient l'eau et fait passer l'œuf à l'état solide. Si l'on continue à chauffer, d'autres liaisons se forment : l'eau est libérée et le réseau prend un aspect caoutchouteux.

Nicholas Smith

Les œufs sont essentiellement constitués de protéines dissoutes dans l'eau. La plus abondante est l'albumine – le « blanc d'œuf ». Les protéines sont faites d'un assemblage des 20 acides aminés, qui forment une structure tridimensionnelle relativement stable.

Quand on chauffe un œuf, il se déshydrate : les chaînes de protéines se défont et subissent une dénaturation. Les groupes soufre-hydrogène de la cystéine (un acide aminé) s'oxydent et établissent des liaisons covalentes avec les molécules voisines. Ces liaisons assez intenses, des « ponts disulfures », donnent une structure en réseau : l'œuf durcit. Ces ponts disulfures rendent aussi compte de la résistance des ongles et des « permanentes ». Ces dernières tiennent en effet grâce aux liaisons covalentes établies après cassure des ponts disulfures, et mise en forme de la chevelure.

Ignatius Pang

Des goûts et de la température

Comment la chaleur affecte-t-elle la nourriture et la boisson ? Le vin blanc, l'eau du robinet, le Cointreau, la bière et le chocolat sont meilleurs froids, mais le thé, le café, le cognac et les plats cuisinés sont meilleurs chauds. Pourquoi ?

Andrew Newell

Ce que l'on appelle le « goût », et qu'on devrait appeler « flaveur », est un mélange de goût, d'irritation et d'arôme. Le goût lui-même peut être divisé en cinq sensations détectables par la langue – sucré, salé, amer, acide et umami – et qui ne sont pas affectées par la température, à l'instar par exemple de l'irritation du piment. L'arôme, lui, qui est perçu par le nez, dépend beaucoup de la température, car il est transmis par des huiles volatiles. Plus la température est élevée, plus ces huiles sont abondantes et plus fort est l'arôme.

La flaveur des aliments ayant peu d'arôme est ainsi améliorée par chauffage, alors que ceux qui ont déjà beaucoup d'arôme y perdront. Les vins rouges, par exemple, sont bus à température ambiante avec des plats très aromatiques, de façon que s'établisse un équilibre entre le plat et la boisson. Les vins blancs, en revanche, sont bus froids avec des poissons ou des plats faibles en arôme. Pour autant, un vin blanc bu seul à température ambiante exhale tous ses arômes, et l'on se demande si l'exigence de le boire frais n'est pas une simple convention.

L'élément culturel, de même, est évidemment à l'œuvre quand on exige qu'un gaspacho soit glacé, et un minestrone brûlant. La bière est servie à température ambiante en Angleterre, mais fraîche partout ailleurs. Certains préfèrent le whisky avec des glaçons, d'autres – spécialement en Écosse – jugent que la glace est une hérésie. Le café chaud est aussi acceptable que le froid, et le choix dépend beaucoup de la saison. Tout dépend des circonstances, des aliments qu'il s'agit d'accompagner, et surtout de nos habitudes.

Jon F. Prinz

5. Science domestique

En finir avec Aspergillus

Quel est le nom de cette affreuse moisissure qui affectionne les endroits les plus humides des salles de bains ? Les produits du commerce, eaux de Javel et autres détergents étant inefficaces pour s'en débarrasser, y a-t-il une solution autre que les abrasifs ?

G.W. Green

L'horrible moisissure est le champignon *Aspergillus niger*. La raison pour laquelle il est si difficile de s'en débarrasser est que la partie visible, noire, n'est que la partie exposée, l'autre étant constituée d'un réseau de mycélium intimement infiltré dans le plâtre ou le papier peint, où il se nourrit des minéraux qu'il y trouve.

Supprimer ce champignon implique non seulement d'éliminer la moisissure noire, mais aussi, grâce à un fongicide, de tuer le mycélium invisible. Il en ira de même si vous essayez, dans votre potager, d'éliminer les mauvaises herbes en arrachant seulement les feuilles : il faudra aussi ôter les racines.

Andrew Philpotts

L'*Aspergillus* est une véritable nuisance. Il prolifère de préférence aux endroits où se condense un air frais et humide : encadrements de fenêtres en aluminium, doubles plafonds, et bords de bacs à douche.

Le corps médical estime que ce champignon est cause de nombreuses allergies et qu'il produit des aérosols cancérigènes, ce qui incite fortement à s'en débarrasser.

J'ai tout essayé, ou presque, du sel de table à l'eau de Javel. Seul remède trouvé à ce jour : laver périodiquement les zones infectées avec un fongicide acheté dans une jardinerie. Mais le remède est peut-être pire que le mal, le fongicide étant toxique !

Glyn Davies

Les réponses précédentes sont peut-être tombées dans l'erreur qui consiste à penser que tout champignon noir est *Aspergillus niger*. Des études menées en Écosse par mon laboratoire ont montré que cette espèce était plutôt rare.

La moisissure noire la plus commune est surtout de l'espèce *Cladosporium*, avec un peu d'*Aureobasidium*, de *Phoma* et d'*Ulocladium*. Certaines espèces vertes d'*Aspergillus* et de pénicilline peuvent paraître noires quand elles sont bien humides. Et *Aspergillus* préfère les climats tropicaux ou subtropicaux.

Un champignon vraiment noir, et très présent en Écosse, est *Stachybotrys aira*. Le papier peint, la toile de jute ou le carton qui recouvre certains plâtres isolants sont pour lui d'excellents substrats cellulosiques. Et il représente sans doute le plus grand danger potentiel pour la santé des occupants de la maison. Ses spores, présentes dans l'air, sont allergènes et toxiques. Ses toxines inhibent la synthèse des protéines et ont des effets irritants et hémorragiques.

Il est bien connu que le fourrage contaminé par *Stachybotrys* peut tuer les chevaux, et être nocif pour les garçons d'écurie. Cette moisissure est particulièrement surveillée aux États-Unis, où elle a été impliquée dans des cas de fatigue chronique chez des adultes et d'hémosidérose pulmonaire chez des enfants. Plusieurs procédures judiciaires la concernant (dont une d'envergure : 40 millions de dollars) sont en cours contre des constructeurs et des employeurs.

Brian Flannigan, biologiste,
université Heriot-Watt, Édimbourg

Le mur extérieur de ma salle de bains était victime de l'horrible *Aspergillus*, qui rongeait le papier peint et pourrissait le plâtre. J'en suis venu à bout en une seule fois, avec une bonne lessive (rose foncé) de permanganate de potassium. *Aspergillus* n'a jamais reparu.

Bill Christie

Attention : le permanganate de potassium ne doit en aucun cas être ingéré.

L'eau de Javel ne marche pas contre *Aspergillus niger*. Essayez, en revanche, une solution de sulfate de zinc à 10 % : elle empêche durablement la réapparition du champignon.

Farrokh Hassib

Le gel de l'eau chaude

Est-il vrai que de l'eau chaude mise au congélateur gèle plus vite que de l'eau froide ? Si oui, pourquoi ?

Ian Popay

La question a été posée à plusieurs reprises à New Scientist, *et n'a jamais été résolue correctement. Cette fois-ci, nous approchons de la vérité, avec le récit de diverses expériences. Même si cela paraît contre-intuitif, il semble bien que l'eau chaude gèle plus vite que l'eau froide. Un meilleur contact thermique, si l'eau est placée dans la partie congélateur d'un réfrigérateur, et des courants de convection différents semblent en être la cause. Quant à savoir quel effet prédomine, cela dépend du réfrigérateur, du récipient utilisé et de l'endroit où il est placé.*

Effectivement, les glaçons se forment plus vite en partant d'eau chaude que d'eau froide, surtout si l'on place le récipient rempli d'eau sur une couche de glace. L'eau chaude fait fondre la glace sous le récipient, améliorant le contact thermique entre le récipient et la surface froide. L'amélioration de la perte de chaleur par le récipient compense largement la chaleur supplémentaire à évacuer. On n'observe en revanche aucune amélioration en suspendant le bac à glace dans le congélateur.

Le premier à observer cet effet semble avoir été Francis Bacon, homme d'État et physicien anglais (1561-1626), avec des seaux de bois sur de la glace.

Mes propres expériences ont montré que l'on peut obtenir des glaçons en 15 minutes au lieu de 20 si le froid est suffisant. Cela dit, l'utilité de fabriquer des glaçons rapidement est plus pressante dans les pays tropicaux qu'en Europe.

Michael Davis, université de Tasmanie

Francis Bacon n'a pas été le premier à observer le phénomène. Aristote, dans sa *Météorologie*, écrivait il y a plus de deux millénaires :

> Voilà pourquoi bien des gens, quand ils veulent avoir promptement de l'eau fraîche, la mettent d'abord au soleil. C'est encore ainsi que les habitants du Pont, quand ils établissent leurs tentes sur la glace, pour se livrer à la chasse aux poissons – car ils pêchent en brisant la glace –, versent de l'eau chaude autour des perches pour qu'elle gèle plus vite ; et la glace leur sert comme de plomb pour consolider et arrêter leurs pieux.

David Edge

Et il semble faux que l'effet ne soit pas observable quand le récipient est suspendu…

Cette question a été soulevée dans *New Scientist* en 1969 par un étudiant tanzanien nommé Erasto Mpemba. Il découvrit que les crèmes glacées gèlent plus vite si on les met chaudes dans le congélateur que si on les laisse refroidir d'abord à température ambiante. Le fait souleva beaucoup de scepticisme, ce qui m'incita à faire des expériences.

D'abord, l'expérience montra que l'eau, du robinet ou distillée, se comportait comme la crème glacée : la composition chimique n'a donc aucune influence. Ensuite, elle montra que la réduction du volume d'eau chaude par évaporation n'intervenait pas. En plaçant des thermocouples dans l'eau, j'ai constaté que de l'eau à 10 °C atteint 0 °C plus vite que de l'eau à 30 °C, ce que prévoient bien les lois de la physique, mais que, par la suite, l'eau initialement chaude se solidifie plus vite.

En fait, la durée maximale de solidification a été atteinte pour une température initiale de 5 °C, et la durée minimale pour environ 35 °C. Ce comportement paradoxal s'explique par le gradient vertical de température de l'eau dans le récipient. La perte de chaleur de la surface libre de l'eau est proportionnelle à la température. Si la surface est plus chaude que le reste de l'eau, l'évacuation de la chaleur est meilleure. Si l'eau est dans un grand récipient métallique (qui tend à uniformiser la température par conduction dans ses parois) plutôt que dans une assiette, l'effet disparaît.

Cette question m'a mené à mettre systématiquement en question tout phénomène jugé évident par la sagesse populaire.

J. Neil Cape

L'expérience classique utilise deux récipients métalliques placés en plein air par une nuit froide et ventée. L'eau stagnante est un mauvais conducteur de la chaleur : la glace se forme à la surface et le long des bords. Si la température initiale est d'environ 10 °C, le cœur du liquide se refroidit très lentement, surtout si de la glace flotte à la surface, empêchant la convection normale. L'eau plus chaude ne pouvant atteindre les parois froides, elle ne peut évacuer sa chaleur.

Si la température initiale est de 40 °C, une intense convection s'établit avant que l'eau ne gèle, et la température au cœur du liquide diminue rapidement. Même si la glace apparaît plus tard que dans l'expérience précédente, la solidification complète sera plus rapide.

Les conditions de l'expérience sont déterminantes. Évidemment, si l'on part avec une eau froide à 0,1 °C, et une chaude à 99,9 °C, le résultat sera sans surprise. Les récipients doivent être assez grands pour que la convection se développe, mais pas trop pour que la chaleur s'évacue rapidement. La présence de vent est une aide précieuse.

Il est difficile d'obtenir de telles conditions dans un réfrigérateur normal ; mieux vaut pour cela une chambre froide industrielle.

Alan Calverd

C'est vrai, et je l'ai vérifié par des expériences. Le seul paramètre déterminant est la taille du récipient. Il doit être assez petit, pour que la capacité du frigo à extraire la chaleur ne soit pas un facteur limitant.

Avec de l'eau froide, le premier film de glace apparaît en surface, et bloque les courants de convection sous-jacents. Avec de l'eau chaude, la glace se forme sur les côtés du récipient et au fond ; la surface reste libre, et capable d'évacuer de la chaleur. La grande différence de température génère une convection intense qui remonte en surface toute la chaleur contenue dans l'eau.

Tom Hering

C'est un mythe. L'eau chaude ne gèle pas plus vite que l'eau froide. Cependant, l'eau chaude refroidie jusqu'à la température ambiante gèle plus vite que de l'eau qui n'a jamais été chauffée. Chauffer l'eau, en effet, libère des gaz dissous (surtout de l'oxygène et de l'azote) qui empêchent la formation de glace.

Tom Trull, université de Tasmanie

Le sceptique Tom Trull, de l'université de Tasmanie, devrait faire un saut chez son collègue Michael Davies, de la même université. Il semble bien que l'effet existe, même si les gaz dissous peuvent avoir une influence.

Un autre phénomène peut aussi jouer un rôle : la surfusion, qui n'est mentionnée par aucun de nos lecteurs. Des recherches récentes montrent que l'eau pouvant geler à diverses températures, l'eau chaude pourrait bien geler avant l'eau froide. Quant à savoir si elle gèle entièrement *avant l'eau froide, c'est une autre histoire.*

Si l'on en croit les expériences scientifiques, l'effet est bien réel. On suppose ici que le réfrigérateur garde une température constante, et que les paramètres comme la taille du récipient et les paramètres de la convection, à l'intérieur et à l'extérieur du récipient, ne varient pas.

Je crois cependant qu'une autre grandeur intervient : la variation de température dans le réfrigérateur. L'amplitude de cette variation dépend de la sensibilité du capteur de température et du temps de réponse du système de contrôle. Supposons qu'à la température standard du congélateur, la puissance utilisée ait une valeur standard. Si l'on y place un récipient d'eau froide, il ne déclenchera pas le capteur et n'entraînera pas de consommation supplémentaire d'énergie. Un récipient d'eau chaude, en revanche, déclenchera le capteur et mettra en route le système de refroidissement.

Vous pouvez observer cela chez vous. J'ai vu cet effet à l'œuvre dans un sauna électrique. En trompant le capteur de température en l'aspergeant d'eau fraîche, j'ai considérablement augmenté la température du sauna.

Matti Jarvilehto, université d'Oulu, Finlande

Une récente étude de l'université de St Louis, aux États-Unis, suggère encore une autre possibilité. Les sels dissous, comme les carbonates de calcium et de magnésium, précipitent si l'eau est chaude, comme on peut le vérifier en regardant à l'intérieur de n'importe quelle bouilloire électrique. Une eau qui n'a pas été chauffée contient toujours ces sels qui, lors de la formation de glace, seront évacués vers l'extérieur. Leur concentration augmentant dans l'eau qui n'a pas encore gelé abaisse le point de congélation, comme le fait le sel répandu sur la neige en hiver. Cette eau doit donc se refroidir davantage pour geler. En outre, la différence de température étant plus faible entre le liquide et l'air, l'évacuation de la chaleur est plus lente.

Superglu supersèche

Pourquoi la Superglu ne colle-t-elle pas dans son tube ?

Ajit Vesudevan

La Superglu ne colle pas à l'intérieur de son tube car elle s'y trouve en contact avec l'oxygène de l'air, mais pas avec l'eau. Or, l'oxygène inhibe la réaction de polymérisation, alors que l'eau la favorise.

Yvonne Adam

La Superglu ne colle pas dans son tube car son monomère, un cyanoacrylate, a besoin d'eau ou d'un composé hydrogéné pour se polymériser.

Cela explique pourquoi le collage entre deux pièces est d'autant meilleur que le film de colle est plus fin : la polymérisation est plus complète si la colle est en contact avec l'humidité. C'est aussi pour cette raison que les tubes de colle sont scellés aussi solidement que possible, et que d'éventuelles fuites adhèrent si bien à la peau : chaude et humide, elle est un merveilleux catalyseur de polymérisation.

Brian Goodliffe

La compagnie Loctite, aux États-Unis, a découvert l'inhibition par l'oxygène et la polymérisation ultrarapide du cyanoacrylate. C'est pourquoi il faut toujours garder beaucoup d'air dans le tube. Quand on dépose une fine couche de colle, le monomère, privé d'oxygène, se solidifie rapidement.

E. Barraclough

Des poubelles, une odeur

Comment se fait-il que les poubelles, quoi qu'elles contiennent, dégagent toujours la même odeur ?

Rodri Protheroe

L'odeur est certainement due aux bactéries et champignons qui prolifèrent sur la matière organique des ordures. Elle sera plus intense si la poubelle est dans un endroit chaud et humide.

L'odeur n'est pas toujours la même, et elle dépend davantage de la nature des micro-organismes que du type de nourriture qu'ils consomment. L'odeur de la pénicilline qui pousse sur une orange est exactement la même que celle de la pénicilline cultivée en laboratoire.

Les analyses effectuées sur les détritus ménagers ont montré la présence de bactéries très toxiques, dont *Pasteurella pestis*, la bactérie responsable de la peste bubonique. Ne respirez pas les poubelles de trop près.

Cary O'Donnell

Je me suis posé la question en sortant les poubelles, et j'ai réalisé que les poubelles n'ont pas une odeur unique. Un sac-poubelle qui traîne et qui contient de la nourriture sera pillé par les chats, mais pas un sac-poubelle ne contenant pas de nourriture. Des odeurs qui nous semblent identiques ne le sont pas pour nos amis les chats.

Quant à savoir pourquoi elles sentent pareil, c'est parce qu'elles contiennent à peu près les mêmes choses. Mais notez bien que les détritus de jardin n'ont pas la même odeur que les détritus de cuisine ou de salle de bains.

Stewart Ravenhall

Adhésif opaque

Pourquoi le ruban adhésif, tiré rapidement de son rouleau, est-il pratiquement transparent, alors qu'il devient opaque quand on le tire lentement ?

David Holland

La cause en est dans la différence de tension subie par le ruban adhésif. Quand on le tire lentement, l'adhésif forme de longs filaments qui se détachent entre les deux rubans et retombent sur celui qui est étiré, lui donnant une surface ridée et donc opaque. Ces filaments sont visibles à l'œil nu ou, mieux, à la loupe.

Quand on tire plus vite, les filaments ont tendance à casser aussitôt qu'étirés, ce qui perturbe moins les propriétés optiques du ruban.

Le comportement de ces filaments tient à la viscoélasticité du polymère qui les constitue. Ce matériau a une certaine viscosité, voisine de celle de la mélasse, mais il a aussi une certaine élasticité, comme un fil métallique. Quand on étire de la mélasse, elle forme de longs filaments qui ne cassent pas, alors que le fil métallique casse presque aussitôt. Quand on l'étire lentement, l'adhésif ressemble à de la mélasse ; quand on l'étire vite, ce serait plutôt un fil métallique.

Au bout du compte, le comportement dépend du temps de relaxation au niveau des molécules. Du point de vue moléculaire, le temps est en quelque sorte analogue à la température : refroidissez votre ruban adhésif au réfrigérateur ; vous verrez qu'en tirant doucement, vous obtenez un ruban bien plus transparent. Comme les longues molécules de polymère n'ont pas le temps de s'étirer, elles cassent.

Stephen Hancock

Le cri de la bouilloire

Pourquoi les bouilloires chantent-elles ? Pourquoi le son qu'elles produisent commence-t-il par monter, puis disparaît pendant un instant, avant de revenir et de décroître progressivement ?

Don Munro, université de Newcastle, Australie

Laissez ouvert le couvercle de votre bouilloire et regardez ce qu'il se passe. L'élément chauffant se recouvre de petites bulles argentées d'environ un millimètre de diamètre. Ces bulles contiennent de l'air, extrait de l'eau par la chaleur de l'élément. Ce sont les zones les plus rugueuses de la surface de l'élément qui permettent la nucléation des bulles et leur croissance. Elles se détachent ensuite et rejoignent la surface de l'eau. Ce phénomène, silencieux, n'est pas à l'origine du chant de la bouilloire.

Au bout d'une minute environ, ces bulles cèdent la place à d'autres, plus petites et contenant de la vapeur d'eau surchauffée. En quelques secondes, ces bulles deviennent instables. Dès leur formation, elles tendent à remonter vers la surface, mais comme elles sont entourées d'eau beaucoup plus froide qu'elles, elles se condensent brutalement et implosent. Bizarrement, la bulle ne disparaît pas complètement, mais laisse une minuscule bulle secondaire, sans doute de vapeur d'eau, qui est emportée par les courants de convection. Bientôt, il y a tant de bulles secondaires que l'eau en devient opaque pendant une bonne demi-minute.

Pendant ce temps, les ondes de choc transmises dans l'eau par les implosions des bulles primaires produisent un bruit de frémissement, qui se perçoit mieux si l'on referme le couvercle. Cela crée au-dessus de la surface de l'eau un volume d'air qui joue le rôle de caisse de résonance.

Les bulles secondaires finissent par se dissiper, et l'on observe un accroissement de la taille des bulles primaires qui continuent à se former sur l'élément. Celles-ci n'implosent plus dès qu'elles se forment, car l'eau dans laquelle elles se trouvent est pratiquement à la température d'ébullition. Le bruit tend donc à diminuer. Ces bulles s'élèvent et se condensent dans l'eau plus fraîche, à un centimètre au-dessus de l'élément.

En quelques secondes, l'eau devient assez chaude pour que les grandes bulles primaires atteignent la surface : on n'entend plus, alors, que le gargouillement produit lorsqu'elles crèvent à la surface.

Roger Kersey

Cadrans arbitraires

Pourquoi les rangées de chiffres sur les calculatrices ont-elles le zéro en bas, alors qu'on lit généralement de haut en bas ? Et pourquoi les cadrans de téléphone, eux, ont-ils le zéro en haut ?

M.D. Berkson

Les machines à calculer mécaniques, qui fonctionnent avec des roues dentées, avaient toujours le 0 près du 1. Par convention, et à moins que ce ne soit un souvenir de l'époque où des leviers actionnaient les roues dentées en lieu et place de boutons, la plupart de ces machines avaient les chiffres les plus bas en bas. Quand on a utilisé sur un cadran 3 × 3 (en laissant un chiffre en plan), cette disposition est restée.

Sur un cadran rotatif de téléphone, le 0 est proche du 9 car il est codé par 10 impulsions. Quand les cadrans ont été remplacés par des touches, l'ancienne disposition a été conservée.

Nicko van Someren

Les pieds en l'air dans un miroir

Pourquoi les miroirs inversent-ils la gauche et la droite et pas le haut et le bas ?

Kishor Bhagwati

Les miroirs n'inversent pas la gauche et la droite, ils inversent l'avant et l'arrière par rapport à la face du miroir. Placez-vous devant un miroir. Pointez le doigt d'un côté. Vous et votre image dans le miroir pointez dans la même direction. Pointez devant vous. Votre image pointe maintenant dans la direction opposée. Pointez vers le haut : vous pointez encore dans la même direction.

Mettez-vous maintenant de profil par rapport au miroir et recommencez. Vous pointez de côté en sens inverse. Mettez maintenant le miroir sur le sol et montez dessus. Cette fois, vous pointez en sens inverse quand vous pointez vers le haut, et votre image, renversée, pointe vers le bas. Dans tous les cas, la direction ne change que lorsque vous pointez vers ou à l'opposé du miroir.

Hilary Johnson

La réponse tient à ce qu'une réflexion n'équivaut pas à une rotation. Nos corps ayant une symétrie gauche-droite prononcée, nous avons tendance à interpréter une réflexion comme une rotation autour d'un axe vertical passant par le centre du miroir. Nous imaginons que le monde, devant le miroir, a tourné de 180° autour de l'axe vertical du miroir, et qu'il se trouve derrière le miroir. Une telle rotation placerait la tête et les pieds au bon endroit, mais la gauche du corps deviendrait la droite !

Si l'on imagine en revanche que le monde a tourné autour de l'axe horizontal du miroir, cela vous mettrait la tête en bas, mais conserverait vos côtés droit et gauche. L'image serait inversée haut-bas, mais pas gauche-droite.

Ainsi, le fait que vous imaginiez une image inversée gauche-droite ou haut-bas, ou selon tout autre axe possible, dépend de l'axe que vous choisissez inconsciemment (à tort) pour faire tourner le monde qui vous entoure.

En vous étendant sur le sol devant un miroir, vous verrez les deux effets en action simultanément. La pièce semble subir une réflexion gauche-droite autour de l'axe vertical du miroir, et vous imaginez que votre corps a subi une réflexion gauche-droite autour d'un axe horizontal allant de votre tête à vos pieds.

Peter Russell

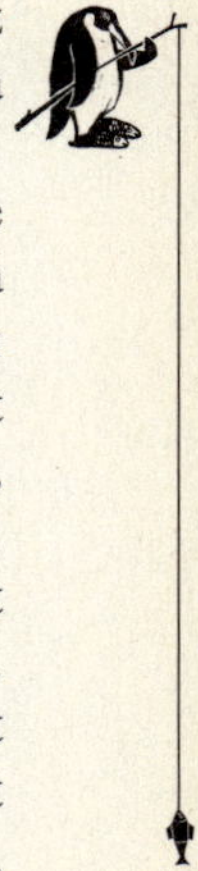

En fait, un miroir n'inverse rien du tout. Regardez votre visage dans un miroir : le côté gauche est à gauche, et le côté droit à droite.

Regardez maintenant le visage de quelqu'un d'autre directement, sans miroir. Il est inversé à cause de la rotation nécessaire pour que la personne vous regarde : son côté droit est à votre gauche. La personne pourrait tout aussi bien se tourner vers vous en faisant le poirier, auquel cas vous verriez sa gauche à votre gauche… mais le haut de sa tête en bas. Généralement, on ne fait pas le poirier quand on se retourne vers quelqu'un.

Essayez cette petite expérience. Écrivez un mot sur un papier et mettez-le devant un miroir. En faisant cela, vous le faites tourner autour d'un axe vertical, ce qui l'inverse gauche-droite. C'est cette rotation qui inverse l'image, pas le miroir.

Recommencez, mais en faisant tourner le papier selon un axe horizontal. Le mot sera inversé haut-bas.

Alan Harding

Le problème tient à la façon dont nous visualisons l'image réfléchie. Nous nous imaginons sur un manège, qui a fait un demi-tour pour nous mettre là où nous voyons l'image – c'est-à-dire dans le miroir. Nous voyons que le haut et le bas de notre corps n'ont pas changé de place, mais que la gauche et la droite sont inversées.

Si, au lieu d'un manège, nous utilisions une grande roue (du genre de celles où il faut s'attacher, car on s'y retrouve la tête en bas), le résultat serait tout différent. Quand la roue aura fait un demi-tour, l'image dans le miroir aura la gauche et la droite à la même place, mais le haut et le bas seront inversés.

L'ennui est que nous tentons d'imaginer une rotation pour interpréter l'image donnée par le miroir, alors qu'en réalité le miroir réfléchit d'avant en arrière. Comme c'est un mouvement très difficile à réaliser avec son corps, on préfère la rotation, qui hélas s'accorde mal avec ce qu'on observe.

Généralement, nous préférons garder le haut et le bas inchangés. C'est pourquoi nous voyons une inversion gauche-droite, mais nous pourrions voir une inversion haut-bas si nous le souhaitions.

David Singer

La réflexion d'avant en arrière a été merveilleusement illustrée par Magritte, dont un tableau montre un personnage, vu de dos, face à un miroir : le miroir montre le même personnage, vu de dos… On trouvera d'autres brillantes considérations sur les miroirs dans L'Univers ambidextre *de Martin Gardner (Seuil, 1985).*

Enveloppe fluo

Quand j'ouvre certaines enveloppes auto-adhésives, je vois parfois apparaître une lueur rougeâtre à l'endroit du décollement. Cela ne dure qu'un bref instant, mais qui recommence si je recolle l'enveloppe. Qu'est-ce qui cause cet effet ?

Stewart Duguid

Cet effet s'appelle la chimiluminescence. Séparer les deux surfaces adhésives requiert une certaine énergie – celle qu'il faut pour casser les liens entre les molécules de l'adhésif.

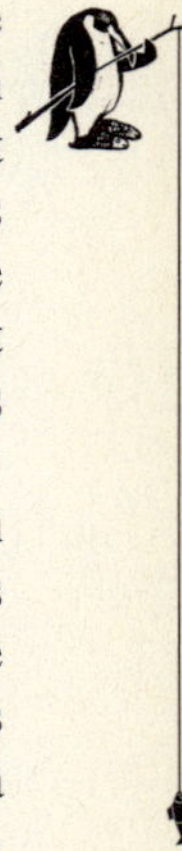

Il faut en réalité une énergie légèrement supérieure à celle-là, et le surplus met les molécules dans un état dit « excité ». Quand elles reviennent à leur état d'énergie habituel, l'excédent d'énergie est émis sous forme de lumière visible. La couleur de la lumière produite dépend de la différence d'énergie entre l'état excité et l'état habituel (ou « fondamental ») ; dans ce cas, elle est rouge.

Ce phénomène est différent de la fluorescence, où la lumière (souvent ultraviolette) est absorbée puis réémise à une longueur d'onde plus grande (dans le spectre visible). La fluorescence donne les couleurs utilisées dans les surligneurs de bureau et confère à votre gin tonic ce bleu très particulier quand il est, dans une boîte de nuit, éclairé en « lumière noire », c'est-à-dire en ultraviolet.

Paul Wright

On peut observer le même effet en tirant sur un rouleau d'adhésif isolant pour électricien. Je m'en suis rendu compte il y a une trentaine d'années et j'ai fait curieusement cette découverte au moment où était rapportée une explosion dans une mine de charbon. Les derniers à être descendus dans la mine avant l'explosion étaient des électriciens.

Je me suis demandé s'ils avaient utilisé du ruban isolant. Les autorités, à qui j'ai écrit, m'ont répondu qu'ils connaissaient bien cet effet, mais qu'il était beaucoup trop faible pour faire exploser le méthane que l'on trouve dans les mines.

Mike Gay

J'ai remarqué moi aussi la lueur rapportée par votre lecteur, accompagnée d'étincelles – sur des enveloppes de la Royal Society of Chemistry, à laquelle j'appartiens –, et me suis aussi demandé si cela pouvait déclencher l'explosion d'un gaz inflammable. Mais il se trouve que, dans leurs laboratoires, les membres de cette honorable société ouvrent souvent leurs enveloppes dans une atmosphère encore plus propice aux explosions que celle des mines de charbon.

Récemment, une explosion a été attribuée à l'« effet enveloppe », ou du moins à l'arrachage d'une étiquette adhésive. Je vous livre en exclusivité la future entrée « Étiquette adhésive » du *Bretherick's Handbook of Reactive Chemical Hazards* (Guide Bretherick des risques chimiques) :

> Une grosse batterie au plomb a explosé lorsqu'un opérateur en a décollé une étiquette adhésive. Les recherches ont montré que cela pouvait générer une tension supérieure à 8 000 volts. Cette décharge électrique a pu enflammer le mélange oxygène-hydrogène produit par la recharge de la batterie. Le rédacteur de cet article a aussi remarqué que de vives étincelles étaient produites à l'ouverture des enveloppes adhésives de la Royal Society of Chemistry.
>
> P. Urben

Film étirable déchargeable

Pourquoi le film étirable que l'on utilise pour protéger les aliments n'adhère-t-il pas aussi bien sur un bol métallique que sur un récipient en plastique ou en céramique ?

Tim Bloomfield

Le principe du film étirable est d'acquérir une charge électrostatique dès qu'on le décolle de son rouleau. Il est alors capable d'adhérer à n'importe quel corps isolant, de même qu'un petit bout de papier ou de poussière, isolant, adhère à l'écran, chargé, de votre téléviseur. Avec un objet métallique conducteur, la charge portée par le film est rapidement dissipée, ce qui annule l'adhérence. De même, un film détaché de son rouleau depuis longtemps ne marche pas non plus : ses charges disparaissent.

Alistair Hamilton

Le film étirable se charge d'électricité statique quand vous le décollez de son rouleau. Décollez-le, puis approchez-le de votre visage : vous sentirez que vos poils se hérissent. Les métaux laissent circuler les charges alors que les isolants (verre, plastique) les conservent.

Jeffrey Wells

Sac bruyant

Pourquoi certains sacs en plastique sont-ils si bruyants ?

Lucy Birkinshaw

C'est vous qui procurez l'énergie qui se manifeste sous forme d'énergie sonore. Le sac, lui, est silencieux. Le bruit que vous lui faites produire est dû à sa rigidité. Le polyéthylène qui le constitue est pourtant un matériau mou, élastique, et fort peu bruyant.

Mais pour en faire des sacs, ce matériau est étiré jusqu'à ce qu'il soit assez fin pour acquérir une certaine rigidité, et pour qu'il soit suffisamment bon marché pour être donné au client. Cela donne un matériau en plaque dont la rigidité est encore renforcée par l'emploi de colorants et de « fillers ». Le résultat est que le sac proteste bruyamment à chaque frottement ou tentative de pliage.

Jon Richfield

La mort du filament

Pourquoi les filaments des ampoules ont-ils tendance à claquer quand on allume l'ampoule, et non à la fin d'une longue soirée, quand l'ampoule est brûlante ?

Alan Staten

Quand on allume une ampoule, elle subit un triple choc.

La résistance du métal du filament augmente avec sa température. Quand la lampe est éteinte, sa résistance est dix fois plus faible que quand elle est allumée. Elle prend donc, à l'allumage, un courant très fort et encaisse une montée en température rapide.

Si la moindre portion du filament est plus mince qu'ailleurs, cette portion va chauffer davantage. Là encore, le stress thermique sera intense.

Enfin, le filament est enroulé en spirale, ce qui le fait agir comme un électroaimant. Sous l'effet des forces magnétiques qu'il génère, le filament se

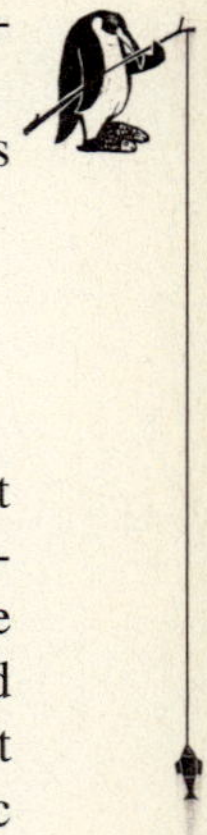

déforme légèrement, ce qui donne un stress mécanique.

Voilà pourquoi c'est plutôt à l'allumage que les ampoules claquent.

Robert Senior

Plus l'intensité dans le filament de tungstène est grande, plus le métal chauffe. Quand on allume l'ampoule, le filament passe très vite de la température ambiante à celle du métal chauffé au rouge. Quand on éteint l'ampoule, la variation de température est plus lente que quand on l'allume. Le filament a donc moins de chances de casser à ce moment-là.

Ross H. Clements

Dans une lampe à incandescence, la lumière est produite par le filament, qui est porté à 2 500 °C. À cette température, le tungstène s'évapore et des atomes s'échappent de la surface du filament, ce qui cause un léger noircissement de l'ampoule, et un amincissement progressif du filament.

Un point de faiblesse peut apparaître sur le filament pour plusieurs raisons. D'abord, si certaines boucles du filament sont plus proches que d'autres, leur température sera plus élevée. Ensuite, si des boucles sont un peu plus fines, leur résistance sera plus faible, le courant y sera plus fort et la température plus élevée. Comme leur surface est aussi plus faible, la dissipation de la chaleur y sera moins efficace.

Quand le filament fond, un arc électrique ou une étincelle peuvent se produire entre les extrémités voisines du filament. Cet arc peut se propager aux plots de l'ampoule. Comme il a une très faible résistance, il entraîne un fort afflux de courant, ce qui peut faire disjoncter votre installation électrique.

Bill Madill, université de Central England,
Birmingham

6. La planète, l'univers

À l'heure pile pôle

Quelle heure est-il au pôle Nord ?

Nigel Goodwin

Il y a deux réponses à cette question. La première est qu'il faut distinguer entre le temps légal et le temps physiologique déterminé par les rythmes circadiens. Ces deux temps sont très proches avant que le voyageur polaire ne parte de chez lui. Après quelques semaines au pôle, le temps physiologique se règle sur un rythme d'environ 25 heures, qui ne coïncide plus exactement avec le temps local.

La seconde réponse est que l'on a soit une heure du jour (pendant les six mois d'été), soit une heure de nuit (pendant les six mois d'hiver). Je ne suis pas allé aux pôles pendant les équinoxes, mais je suppose que l'on a alors plusieurs semaines de crépuscule perpétuel, le Soleil étant juste en dessous de l'horizon.

Will Hopkins, université d'Otago, Nouvelle-Zélande

On pourrait poser la question de cette façon : comment une personne, née et vivant au pôle Nord, et n'ayant jamais entendu parler du méridien de Greenwich, ferait-elle pour mesurer le temps ?

Voici une solution. Supposons que nous soyons

dans la période d'hiver, où le Soleil est sous l'horizon tout le temps. Plaçons un tableau horizontal au pôle et dessinons-y un cercle avec deux diamètres perpendiculaires. Soient A, B, C et D les extrémités de ces diamètres.

Au pôle Nord, on voit les étoiles tourner sur des plans parallèles à l'horizon. Le plan de l'horizon correspond à l'équateur céleste.

Choisissons une étoile sur l'horizon et définissons l'heure 0 à l'instant où cette étoile passe au point A (quand on regarde depuis le centre du cercle, c'est-à-dire depuis le pôle). L'étoile passera respectivement en B, C et D à 6, 12 et 18 heures.

Il est alors facile de tracer d'autres droites sur notre tableau représentant chaque heure.

Si je devais faire cela en ce moment (au pôle Nord), je choisirais la moins brillante des trois étoiles du baudrier d'Orion : elle est pratiquement sur l'équateur céleste, et elle est bien visible à l'œil nu.

Le problème suivant serait de savoir comment déterminer l'heure en été, quand aucune étoile n'est visible puisque le jour est perpétuel.

Ayant tracé vos lignes en hiver, il vous faut attendre l'apparition du Soleil à l'horizon, au début du printemps arctique. Notez sa direction sur le tableau : elle représente le début de votre cycle de 24 heures. Mais le Soleil tourne, comme les étoiles en hiver, dans un plan parallèle à l'horizon, plan qui sera plus haut de jour en jour, jusqu'à atteindre 23,5° au-dessus de l'horizon. Il descendra ensuite jusqu'à disparaître à nouveau sous l'horizon, six mois plus tard.

D.S. Paransis, université de Luleå, Suède

La question est erronée : l'heure ne dépend pas du lieu où l'on se trouve. Quand il est 18 h 00 heures

GMT à Paris, il est 18 h 00 GMT au pôle Nord, à Tombouctou ou sur la face cachée de la Lune.

On pourrait demander : dans quel fuseau horaire est-on au pôle Nord ? Mais ça ne va pas non plus. Les fuseaux horaires ont une définition politique et administrative plus que géographique. Le pôle Nord, qui se trouve en pleine mer, n'a pas de fuseau horaire précis.

Les tentatives de définir un temps astronomique ne marchent pas non plus. Il est midi quand le Soleil est au sud, et au pôle Nord le Soleil est toujours au sud. Il est midi quand le Soleil atteint sa hauteur maximale dans le ciel, mais cette hauteur ne varie guère au pôle Nord. Midi marque la moitié de la durée du jour, mais le jour, ou la nuit, durent chacun six mois au pôle.

Mike Guy

Du point de vue géophysique, l'heure dépend de la position du Soleil par rapport à la Terre, et de la position de l'observateur. Toutes les directions partant du pôle Nord étant orientées au sud, le Soleil est toujours au sud, et au pôle Nord il est toujours la même heure.

Quelle est alors cette heure ? La ligne de changement de date passe au pôle Nord, ce qui met ce point, pour toujours, entre un jour et le suivant. En d'autres termes, il est toujours minuit au pôle Nord.

Cela explique comment le père Noël parvient à livrer ses cadeaux en tous les coins de la planète en une seule nuit. Il quitte sa grotte en direction du sud, livre son chargement de traîneau, puis revient chez lui, où il est exactement la même heure que quand il est parti. Et il recommence.

Patrick Whittaker

Le pôle Nord est le paradis des politiciens. En effet, à la question « quelle heure est-il ? », ils peuvent répondre : « Quelle heure préférez-vous qu'il soit ? »

Paul Birchall

Léonard inspiré

Est-il vrai que chaque fois que nous inspirons de l'air, ou avalons une gorgée d'eau, nous ingérons un des atomes inspirés ou avalés par Léonard de Vinci ? (J'ai lu cela dans un livre d'enfant dans les années 1960.)

Steve Moline

Il est vrai que nous respirons quantité de molécules qui sont passées dans les poumons de Léonard, mais aussi dans ceux d'Adolf Hitler ou de tous les êtres humains qui ont fréquenté cette planète. Le calcul qui mène à cette conclusion n'est pas très compliqué.

La masse totale de l'atmosphère est d'environ 5×10^{21} grammes. Si l'on considère que l'air est un mélange de 4 molécules d'azote pour 1 d'oxygène, la masse d'une « mole » d'air (soit 6×10^{23} molécules) est de 28,8 grammes. Il y a donc environ $1{,}04 \times 10^{44}$ molécules dans l'atmosphère terrestre.

Le volume occupé par une mole de gaz (n'importe lequel) à température ordinaire est de 25,4 litres. Or, le volume d'air que nous respirons est à peu près d'un litre. On peut donc affirmer que Léonard, à chaque respiration, expirait $2{,}4 \times 10^{22}$ molécules.

Un individu ordinaire respire, disons, 25 fois par

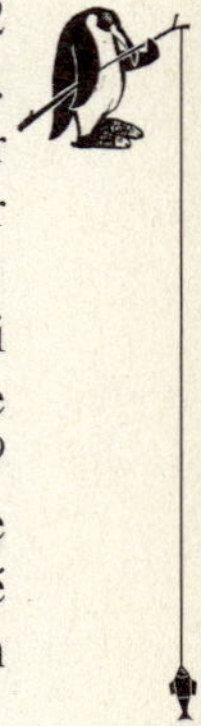

minute. Pendant ses 67 ans d'existence (de 1452 à 1519), Léonard a donc expiré $2,1 \times 10^{31}$ molécules. Cela implique qu'une molécule de l'atmosphère sur 5×10^{12} ($1,04 \times 10^{44} / 2,1 \times 10^{31}$) a été expirée par Léonard de Vinci.

Cependant, comme nous engloutissons aussi $2,4 \times 10^{22}$ molécules à chaque inspiration, il y a de fortes chances que nous inspirions environ $4,9 \times 10^{9}$ des molécules que Léonard a expirées. On peut même montrer, de cette façon, que nous avons tous respiré cinq des molécules expirées par Léonard lors de son dernier souffle !

Évidemment, certaines simplifications doivent être faites pour arriver à ce résultat. Nous supposons que le mélange des molécules de Léonard avec celles de l'atmosphère est bon (en cinq cents ans, il a eu le temps de se faire), que Léonard n'a pas ré-inspiré certaines des molécules expirées, et qu'il n'y a eu aucune perte dans l'atmosphère sous l'effet de combustions, de la fixation par les plantes, etc. De toute façon, cela ne changerait pas grand-chose au résultat final.

Sachant que le nombre de molécules dans l'hydrosphère est $5,7 \times 10^{46}$ molécules, un calcul analogue peut être fait pour l'eau. Il montre qu'une gorgée de liquide contient environ 18×10^{6} des molécules d'eau que Léonard a bues durant son existence. Ainsi, non seulement nous respirons l'air qu'il a expiré, mais il est probable que nous avalions, dans chaque verre d'eau que nous buvons, un peu du liquide qu'il a rejeté. Urine ou crachat, vous avez le choix.

Peter Borrows

La loi de conservation de la matière fait que les atomes sont infiniment recyclés dans l'univers. La gravité fait que la plupart des atomes terrestres restent sur Terre. Certains de ceux de l'atmosphère ont été inspirés par Léonard de Vinci, mais leur proportion est très faible.

Cependant, si l'on considère le temps pendant lequel ont vécu les dinosaures, il est quasiment certain que chacune de vos respirations a déjà été en partie respirée par un dinosaure, et que chaque pomme que vous mangez contient des atomes qui ont dans le passé constitué un animal ou un homme. Évidemment, cela risque de poser quelques problèmes aux végétariens.

Glenn Alexander

Cette question devrait faire réfléchir les partisans de l'homéopathie. Dans n'importe quel verre d'eau se trouve un assortiment de molécules homéopathiques actives contre toutes les maladies que nous pouvons avoir. Et c'est gratuit.

Lassi Hyvarinen

? Midi à quatorze heures

Il y a davantage d'heures de jour après midi qu'avant, surtout en été. Cela veut-il dire que midi est mal placé ?

Dean Shervin, Reading, Grande-Bretagne

Midi est défini comme le moment où le Soleil coupe le méridien local. Ce méridien est la ligne nord-sud imaginaire passant à votre zénith. Si vous réglez votre montre sur midi quand le Soleil coupe le méridien local, le jour sera partagé en deux parties égales.

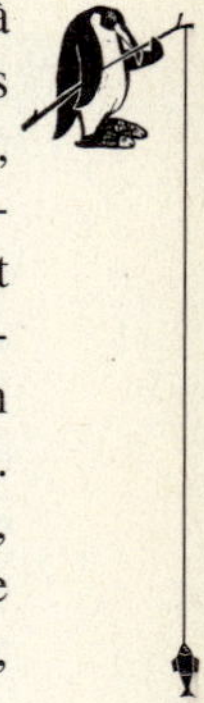

Ce système, cependant, vous obligerait à régler à nouveau votre montre si vous vous déplaciez vers l'est ou vers l'ouest. Pour éviter ce genre d'ennuis, on a défini des fuseaux horaires – zones dans lesquelles le temps est partout le même, quel que soit le méridien local. Les fuseaux horaires font généralement 15° de largeur mais leur taille varie en fonction de facteurs géographiques, politiques et pratiques. La différence entre le temps officiel et le temps local, défini par le méridien, peut être tout à fait évidente si vous vivez près de la limite d'un fuseau horaire, comme c'est le cas en France.

David Eddy

La nécessité de créer des fuseaux horaires est souvent attribuée au développement du chemin de fer aux États-Unis. Jusque-là, la plupart des villes avaient leur propre heure locale, et midi représentait bien le milieu du jour. Mais il fallut harmoniser les horaires des chemins de fer, et définir des zones horaires.

Keith Anderson

L'heure légale utilisée en Grande-Bretagne est basée sur le méridien de Greenwich. La latitude de votre lecteur habitant Reading est à peu près la même que celle de Greenwich, mais sa longitude est de 1° ouest. Le lever du soleil, son passage au méridien et son coucher ont donc lieu environ 4 minutes plus tard qu'à Greenwich, de sorte que l'heure locale à Reading est en retard de 4 minutes sur l'heure légale.

Cela implique qu'à Reading la durée du jour après midi est légèrement plus longue que la durée du jour avant midi. À l'est du méridien de Greenwich, c'est l'après-midi qui est plus court que la matinée. À Greenwich même, la différence entre les deux, moyennée sur une année, est nulle.

Pour un jour donné, la différence entre le matin et l'après-midi dépend non seulement de la latitude et de la longitude, mais aussi de l'équation du temps. Il s'agit de la différence entre le soleil moyen, qui donne l'heure de la montre, et le soleil vrai. Cet effet est dû à l'excentricité de l'orbite de la Terre autour du Soleil, et à l'inclinaison de l'axe de rotation terrestre sur le plan orbital. L'équation du temps varie au cours de l'année, de – 14 minutes à + 16 minutes, et c'est la principale raison pour laquelle l'heure lue sur un cadran solaire diffère de celle donnée par une montre.

Ces effets combinés, sans même faire intervenir l'heure d'été, peuvent donner une différence d'une demi-heure entre matin et après-midi, à Reading. Cela ne signifie pas pour autant que midi n'est pas à sa place, mais plutôt que le système utilisé pour définir l'heure, dont la simplicité et l'universalité sont essentielles pour les communications de toutes sortes, n'est qu'une approximation du mouvement apparent du Soleil, qui est complexe.

David Le Comte,
Société astronomique de Guernesey

Midi à l'heure GMT (*Greenwich Mean Time*, ou temps moyen de Greenwich) n'est le milieu du jour qu'au méridien de Greenwich. Si vous êtes à l'ouest du méridien de Greenwich, à Reading par exemple, le Soleil se lève plus tard et se couche plus tard : 12 h 00 GMT sera alors plus tôt que la moitié du jour.

Le Soleil parcourt 360° en 24 heures, soit 15° en 1 heure. Ainsi, au moment où j'écris ceci à Londres

(0°10´ ouest), 12 h 00 GMT est 24 secondes avant midi, et il serait 16 minutes avant midi si j'habitais Swansea (3°56´ ouest).

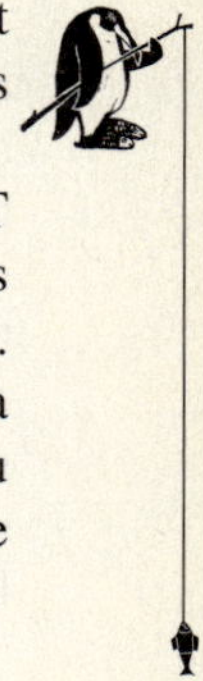

Avec l'heure d'hiver utilisée en Europe, 12 h 00 GMT est 6 minutes avant midi à Berlin (13°30´ est), mais plus de 50 minutes avant midi à Paris (2°15´ est). L'exemple extrême est le Portugal (9° ouest) qui a récemment adopté le *Central European Time* (ou heure d'Europe centrale) : en été, 12 h 00 GMT tombe deux heures et demie avant midi !

Nigel Wheatley

Le bleu du ciel

Pourquoi (quand il fait beau) le ciel est-il bleu ?

Jaspar Graham Jones

Le bleu du ciel s'explique par un phénomène appelé « diffusion Rayleigh ». La lumière solaire est diffusée dans toutes les directions par les molécules de l'air. L'intensité de cette diffusion dépend essentiellement de la fréquence de la lumière, c'est-à-dire de sa couleur. La lumière bleue (de haute fréquence) est dix fois plus diffusée que la lumière rouge (de basse fréquence). On voit donc surtout du bleu.

Le même phénomène explique les couleurs rouges au lever et au coucher du Soleil. Quand le Soleil est bas sur l'horizon, sa lumière doit traverser une épaisseur d'atmosphère plus grande. La lumière bleue étant la plus diffusée lors de cette traversée, il reste la lumière rouge.

Rick Eraho

Selon la physique classique, une charge électrique, accélérée, émet un rayonnement électromagnétique (la lumière et les ondes radio, par exemple, sont des rayonnements électromagnétiques). Inversement, un rayonnement électromagnétique agit sur une particule chargée en la forçant à osciller. Mais une charge oscillante étant sans cesse accélérée réémet des rayonnements, ce qui fait d'elle une source secondaire de rayonnement. C'est ce qu'on appelle la diffusion Rayleigh.

L'atmosphère est constituée de divers gaz. Chaque molécule de gaz (entourée de son cortège d'électrons) peut être traitée comme un oscillateur électronique. La distribution de charge de la molécule présente une certaine « section efficace » au rayonnement incident – une certaine aire sur laquelle ce rayonnement doit tomber pour qu'il soit diffusé. La quantité de rayonnement diffusé dépend de cette section efficace. Dans la diffusion Rayleigh, la section efficace est proportionnelle à la puissance quatrième de la fréquence du rayonnement incident. La lumière solaire est constituée de diverses fréquences visibles, depuis le rouge de basse fréquence jusqu'au bleu de haute fréquence. Parce que sa fréquence est supérieure, le bleu est davantage diffusé que le rouge. C'est cette lumière diffusée que nous voyons.

D. Roberts, Département de physique,
université de Sheffield

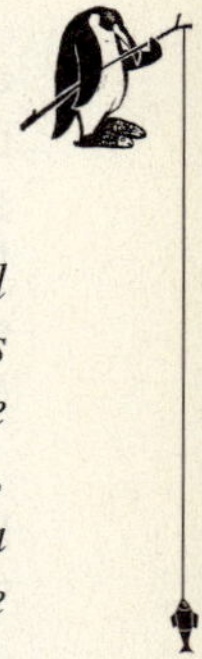

Le mythe de la muraille

On dit souvent que la Muraille de Chine est le seul monument construit par l'homme visible depuis l'espace. Mais si cette muraille est très longue, elle est aussi très étroite ; si on la voit depuis l'espace, on devrait aussi voir des monuments comme la pyramide de Chéops, qui est plus large que la Grande Muraille de Chine. Ou la capacité de l'œil à discerner un objet dépend-elle d'une seule des dimensions de l'objet ?

A.R. MacDiarmaid-Gordon

Il n'est pas vrai que l'on voit la Muraille de Chine depuis l'espace. Il s'agit d'une rumeur urbaine, aussi célèbre que celle du suicide en masse des lemmings ou des crocodiles dans les égouts.

Un individu doté d'une vision parfaite peut distinguer à l'œil nu un détail d'une minute d'arc. La Grande Muraille faisant à peu près 6 mètres de largeur, elle ne doit plus être visible au-delà de 20 kilomètres d'altitude, soit à peu près deux fois la hauteur de l'Everest. Si l'on prend en compte son ombre, on atteindra peut-être 60 kilomètres, ce qui est beaucoup trop bas pour un satellite.

D'autres productions humaines, en revanche, sont visibles depuis l'espace. Les villes, très éclairées, sont facilement visibles la nuit, et les polders hollandais semblent être les plus grandes structures visibles de jour.

D. Fisk

L'œil humain saisit plus facilement les objets longs que les courts : la Grande Muraille de Chine est un bon candidat pour être visible depuis la Lune. Mais ce mur est très dégradé. L'astronome et photographe H.J.P. Arnold, qui s'est intéressé à la question, conclut qu'il est physiquement impossible de voir la Grande Muraille depuis la Lune.

Neil Armstrong, de la mission *Apollo 11* qui s'est posée sur la Lune, a pu le vérifier. Jim Lowell d'*Apollo 8* et *13* l'a confirmé, ainsi que Jim Irwin d'*Apollo 15*.

Des photos prises par des sondes spatiales montrent que la direction de la muraille est parfois indiquée par des vents de sable qu'elle dévie, mais que la muraille elle-même est invisible. Fin d'une légende.

Robert Brown

Des marées en douceur

Quelqu'un peut-il m'expliquer, sans me prendre la tête, pourquoi la marée haute se produit en même temps ici et aux antipodes ?

Pat Sheil

Pour comprendre les marées, il faut oublier la rotation de la Terre sur elle-même, et se concentrer sur le système Terre-Lune.

Ce système tourne aussi sur lui-même, autour d'un centre de gravité qui se trouve sous la surface de la Terre, à mi-chemin du centre de la planète. À cause de cela, chaque point de la planète, qu'il soit à l'intérieur ou à la surface, décrit un cercle de rayon égal à la distance entre ce centre de gravité et le centre de la Terre.

Chacun de ces points ressent donc une force centrifuge de même grandeur et direction : parallèlement à la droite qui joint les centres des deux astres, et vers le centre de la Terre. Cette force centrifuge est distincte de celle due à la rotation de la Terre.

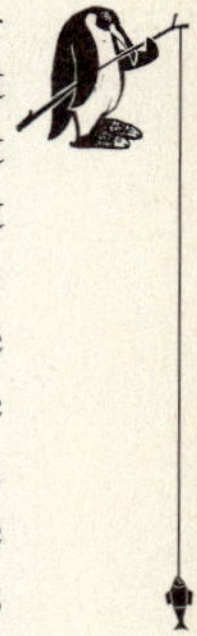

Chaque point de la planète subit aussi une force d'attraction qui l'attire vers la Lune, la direction de cette force dépendant de l'endroit où se trouve le point.

La résultante de ces deux forces est la force de marée. Si l'on considère maintenant deux points de la surface, l'un directement sous la Lune et l'autre aux antipodes, la force d'attraction du premier est plus grande que la force centrifuge, qui va, comme on l'a vu, dans la direction opposée.

Le point situé aux antipodes est plus éloigné de la Lune (d'un diamètre terrestre), et sa force d'attraction se trouve être plus petite que la force centrifuge, de sorte que la résultante agit sur l'eau à l'opposé de la direction lunaire. On observe donc deux marées hautes diamétralement opposées.

Cela n'explique cependant pas pourquoi un tel système dont les deux corps s'attirent ne finit pas par s'effondrer sur lui-même.

D.S. Parasnis, Département de géophysique,
université de Luleå, Suède

Si l'on néglige l'influence des autres astres, le centre de masse de la Terre et celui de la Lune sont tous deux en chute libre, décrivant des orbites autour du centre de masse commun du système Terre-Lune, où la gravité et la force centrifuge se compensent exactement.

Sur la majeure partie de la surface terrestre, la compensation n'est cependant pas parfaite : on est en effet plus près, ou plus loin de la Lune, tout en étant forcé de tourner à la même vitesse que le centre de masse commun.

L'océan situé directement sous la Lune subit, l'attraction lunaire est plus forte que la force centrifuge : la surface se gonfle vers la Lune.

De l'autre côté, la force centrifuge domine : la surface se gonfle à l'opposé de la Lune. Ces gonflements de la surface produisent des marées hautes.

Le niveau de la mer, qui sinon serait sphérique, forme ainsi un ellipsoïde : tous les points de la surface terrestre passant successivement dans cet ellipsoïde voient le niveau de l'eau monter : c'est la marée haute.

Greg Egan

Le sel de la mer

Avec ma classe, on est allés en classe de mer. C'était drôlement bien, mais pourquoi est-ce que la mer est salée ? Ma maman ne sait pas.

John Connolly (8 ans)

La mer est salée parce que les rivières qui coulent dedans y apportent des minéraux et des sels. Quand le soleil évapore l'eau pour donner des nuages, les sels se concentrent dans la mer. C'est pour cela que la mer est plus salée que les rivières et les lacs.

Jack Cave-Lynch (9 ans)

John Connolly est un gars futé ;
Il se demande pourquoi la mer salée
N'est pas comme l'eau du robinet.
C'est que, cher John,
Le chlorure de sodium
Y est mélangé comme le sucre dans le thé
Avec bien d'autres sels encore,
Tels ceux du chlore
Du potassium,
Du magnésium,
Et aussi de l'iode !
Voilà de quoi, mon cher John,
En boucher un coin
À tous tes copains !

Ray Heaton

Effet de fronde

Qu'est-ce que le fameux effet de fronde qui permet d'accélérer les sondes interplanétaires ? Il utilise évidemment l'attraction gravitationnelle des planètes, mais comment fait-il pour en tirer de l'énergie ?

David Bates

Je me suis posé cette question lorsque j'ai entendu parler de l'effet de fronde qui propulsait les sondes *Voyager* d'une planète à l'autre. Après tout, une sonde qui tomberait dans le champ de gravitation d'une planète n'en retirerait aucune énergie.

Jupiter, par exemple, tournant autour du Soleil à 1 300 mètres par seconde, une sonde passant à proximité sera accélérée par ce champ de gravitation en mouvement comme un surfeur est poussé par une vague. Perdant de l'énergie, la planète tombe vers le Soleil. Paradoxalement, elle finit même par gagner de la vitesse. Rapprocher ainsi Jupiter de 10^{-15} m donne une énergie de 416 mégajoules.

Mike Brown

Morts et vifs

J'ai entendu dans une chanson de Laurie Anderson : « Maintenant que les vivants sont plus nombreux que les morts… » Est-ce vrai ? Est-ce même seulement envisageable ? Comment fait-on ce genre de calculs ?

John Woodley

La réponse ci-dessous est basée sur des calculs de l'Institut international de statistique.

Si la population mondiale avait toujours crû à son rythme actuel, doublant à chaque génération, les vivants seraient plus nombreux que les morts.

En fait, il y a eu de longues périodes au cours desquelles la population n'a pratiquement pas augmenté, alors que les morts s'accumulaient. On dispose de données fiables pour toute la période historique : les Romains et les Chinois tenaient des registres assez précis.

Avant cette période, les estimations se basent sur les étendues cultivées ou utilisées pour la chasse. Selon J.N. Biraben, la population mondiale s'élevait à 500 000 personnes en 40 000 av. J.-C. Elle a atteint 200 à 300 millions en l'an mille, et un milliard au début du XIXe siècle.

En multipliant la population par le taux de décès estimé, on découvre que le nombre total de morts

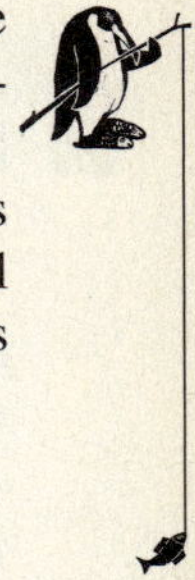

entre 40 000 av. J.-C. et aujourd'hui est de l'ordre de 60 milliards. La population actuelle s'élève à 6 milliards seulement.

Même si les estimations sont grossières, les erreurs possibles ne peuvent remettre en cause le fait qu'il y a eu beaucoup plus de morts qu'il n'y aura jamais de vivants.

Roger Thatcher

Dans le jardin d'Éden, les vivants (2) étaient plus nombreux que les morts (0).

G.L. Papageorgiou

Dans l'épopée indienne du *Mahabharata*, cette question est posée à Yudisthira par le dieu Yama, gardien des mondes souterrains, afin de tester son intelligence, sa sagesse et sa droiture.

Yama se déguise en cigogne veillant sur un étang. Les quatre frères de Yudisthira, qui y ont bu de l'eau sans pouvoir répondre à une seule question, ont tous péri. La cigogne demande à Yama : « Des vivants et des morts, lesquels sont les plus nombreux ? » Et Yudisthira répond : « Les vivants, car les morts ne sont plus ! »

Yama accepte cette réponse, comme toutes les autres réponses de Yudisthira. Tout est bien qui finit bien puisque Yudisthira est en fait le fils de Yama, qui ressuscite du coup les frères disparus.

Shafi Ahmed

L'effet de serre en peinture

Serait-il possible de réduire l'effet de serre en peignant en blanc les toits des maisons, de façon à réfléchir la lumière solaire, comme le fait la neige sur les calottes polaires ? Et existe-t-il une peinture qui réfléchirait la lumière aussi bien que la neige ?

Paul Nolan

Peindre les toits en blanc augmenterait la réflexion des rayons solaires et réduirait le réchauffement climatique. Le projet de cartographie globale (GRUMP pour Global Rural Urban Mapping Project) de l'Institut des sciences de la Terre de l'université Columbia de New York montre que 3 % de la surface terrestre est recouverte par des habitations.

La Terre a un « albedo » de 0,29, ce qui signifie qu'elle réfléchit 29 % de la lumière solaire incidente. Avec un albedo de 0,1, les villes absorbent davantage de lumière que la moyenne. Peindre les toits en blanc pourrait porter l'albedo terrestre de 0,29 à 0,30 environ. Avec un modèle simpliste de la planète, cela entraînerait une baisse de température moyenne de l'atmosphère de 1 °C, de quoi compenser la hausse observée depuis le début de l'ère industrielle. Mais un tel modèle ne tient pas compte du rôle des nuages. Qui se lancera dans cette modélisation ?

Mike Follows

Les toits seraient employés plus utilement comme centrales électriques en les recouvrant de panneaux solaires. Cela modifierait le bilan-carbone de la planète sans perturber le délicat système climatique. La prévention est préférable aux remèdes hasardeux.

Mike Hulme

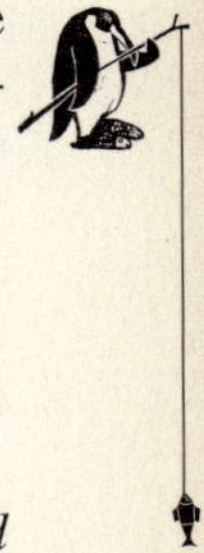

Adieu Soleil

À mesure que le Soleil rayonne de l'énergie, il perd de la masse et sa gravité diminue. Cela implique-t-il que les planètes s'éloignent lentement du Soleil ? Si c'est le cas, de combien s'éloignent-elles, et jusqu'où ira la Terre ?

Mike Ganley

Le Soleil perd environ 4 millions de tonnes par seconde, ce qui correspond à l'énergie dissipée par les réactions thermonucléaires. Quelques autres millions de tonnes partent avec le vent solaire et autres émissions de particules. Pourtant, au bout de 2 milliards d'années, cette perte ne représente qu'un dix millième de la masse du Soleil. La variation de la distance Terre-Soleil sera du même ordre.

La situation sera différente quand le Soleil finira en géante rouge, dans 5 milliards d'années. Le rayon solaire sera multiplié par 100, de sorte que le Soleil engloutira Mercure, Vénus et la Terre. Seules Mars et les planètes géantes survivraient après que le Soleil se sera transformé en naine blanche.

Si l'on estime que la masse de cette naine blanche sera de 0,6 fois la masse actuelle du Soleil, les orbites des planètes restantes augmenteront de 80 % par rapport à leurs valeurs actuelles.

C. Sivaram, Institut indien d'astrophysique, Koramangala, Bangalore

Curieusement, bien que le Soleil convertisse chaque seconde 4 millions de tonnes de sa masse en rayonnement, et qu'il continuera à le faire pendant les 5 milliards d'années à venir, il n'aura alors perdu qu'une faible partie de sa masse totale. Le rayon de l'orbite terrestre, en conséquence, n'augmente que d'un centimètre par an.

Mais cela ne suffira pas pour compenser l'accroissement de luminosité du Soleil. La Terre est donc condamnée à subir le sort peu enviable de sa voisine Vénus, victime d'un effet de serre redoutable… à moins que ses habitants ne se retroussent rapidement les manches.

Mike Follows

7. Drôle de temps

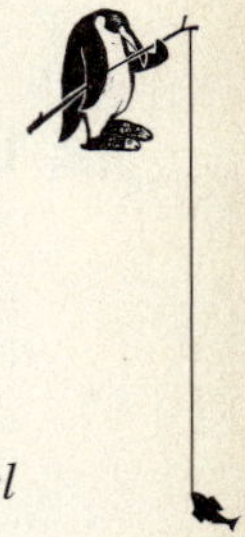

Épais comme un éclair

Pourquoi les éclairs font-ils des fourches, et quel est le diamètre d'un éclair ?

Michael Lee

Les éclairs conduisent vers le sol les charges négatives de la base des nuages d'orage. Un « précurseur », une charge négative, précède l'éclair, traçant sa route dans un air chargé positivement. Certains atomes et molécules de l'air ont tendance à s'ioniser sous l'effet du très fort champ électrique.

Cherchant toujours le chemin de plus faible résistance électrique, le précurseur ne suit pas une ligne droite. Quand il approche du sol, ses charges négatives attirent les ions positifs des objets pointus, arbres ou brins d'herbe, ce qui établit le contact entre le sol et la base du nuage. Les charges négatives du nuage se précipitent alors dans le chemin tracé par le précurseur. C'est ce qu'on appelle l'« éclair de retour », car la décharge commence souvent par le bas et l'éclair semble monter vers le nuage. Les branches de l'éclair qui n'avaient pas établi de contact avec le sol s'illuminent elles aussi en se déchargeant dans le canal principal.

Les photographies d'éclairs, généralement surexposées, surestiment souvent leur diamètre. L'examen des objets touchés par la foudre montre que ce diamètre varie entre 2 millimètres et 10 centimètres.

R. Saunders, Groupe de physique atmosphérique, université de Manchester

L'origine des vagues

Comment l'énergie du vent fait-elle pour créer les vagues bien régulières de la houle ? Qu'est-ce qui détermine l'amplitude et la fréquence de ces vagues ?

Frank Scahill

Quand le vent souffle sur la surface de l'eau, des petites rides se forment. Elles sont généralement désordonnées, d'amplitudes et de fréquences variables. Si le vent continue à souffler, deux choses se produisent : les vaguelettes interagissent pour donner des vagues plus longues (de plus basse fréquence), et le vent, ayant une meilleure prise sur ces vagues, leur confère davantage d'énergie. Les vagues gagnent en amplitude et leur longueur d'onde (distance d'une crête à la suivante) augmente.

Certaines vagues, abruptes, auront tendance à déferler mais pour les autres, l'énergie ne cesse d'augmenter. Ces vagues sont appelées « vagues du vent ». Leur énergie dépend du temps pendant lequel le vent a soufflé et de la distance (le « fetch ») de contact entre le vent et la surface.

Vu la complexité du résultat, il est pratiquement impossible de donner une relation simple pour l'amplitude et la fréquence des vagues. On préfère donner la hauteur significative, amplitude moyenne du tiers supérieur des plus hautes vagues, et la « fréquence pic », ou période modale, durée séparant les vagues les plus énergétiques. En moyenne, on observe une vague d'amplitude double de l'amplitude significative toutes les trois heures.

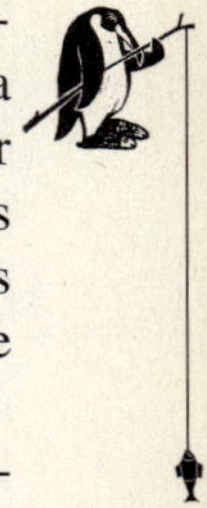

Finalement, l'énergie donnée par le vent est dissipée lors du déferlement des vagues. Lorsque cela commence à se produire, les vagues cessent de grandir et la mer est dite « formée ». Avec un vent de 20 m/s (tempête de force 8), une mer formée aura des vagues de 9 mètres d'amplitude et une période pic de 15 secondes.

Les vagues peuvent parcourir des milliers de kilomètres à partir de leur lieu de formation. Contrairement aux ondes sonores ou lumineuses, les vagues accélèrent et s'allongent (leur fréquence diminue) avec le temps.

Les vagues sortant d'une zone orageuse qui les a générées sont appelées « houle », et sont souvent très homogènes. La houle peut traverser un océan sans être notablement modifiée. Chaque fréquence de houle progressant à une vitesse particulière, les diverses composantes d'une houle se séparent peu à peu.

Peter Challenor, Centre océanographique de Southampton

C'est l'énergie du vent qui crée ce qu'on appelle la « mer du vent ». Ces vagues sont plus abruptes et plus désordonnées que la houle, et elles déferlent souvent en donnant des « moutons ». Plus le vent souffle longtemps, plus les vagues auront une grande longueur d'onde.

Quand le vent s'arrête, ou quand les vagues quittent la zone d'orage, la longueur d'onde continue à s'allonger jusqu'à ce que cesse le déferlement. La mer du vent cède alors la place à la houle.

Les vagues à la surface d'un liquide sont dispersives, c'est-à-dire que des vagues de longueurs d'onde différentes se propagent à des vitesses différentes.

Observée depuis la plage, la houle la plus longue est celle que l'on voit arriver la première. La longueur d'onde des vagues diminue ensuite. La houle générée par un orage situé à des milliers de kilomètres peut persister pendant plusieurs jours.

La dispersion agit comme un filtre : la houle dans une région donnée est remarquablement uniforme. L'amplitude de la houle a évidemment tendance à diminuer avec la distance parcourue, mais le vent peut redonner de l'énergie à une houle et en augmenter l'amplitude sans changer sa longueur d'onde. De même, un vent contraire a tendance à réduire l'amplitude de la houle.

John Reid, Laboratoire de recherches maritimes, Hobart, Tasmanie

Nuages noirs

Pourquoi les nuages s'assombrissent-ils juste avant la pluie ?

Matt Bourke

Si les nuages passent du blanc au noir quand il va pleuvoir, c'est qu'ils absorbent davantage de lumière.

Les nuages apparaissent blancs car les gouttelettes d'eau ou les cristaux de glace qui les constituent renvoient la lumière dans toutes les directions. Quand la taille des gouttes augmente, cette dispersion de la lumière est remplacée par une vigoureuse absorption. L'observateur recevant moins de lumière attribue au nuage une couleur foncée.

Keith Appleyard

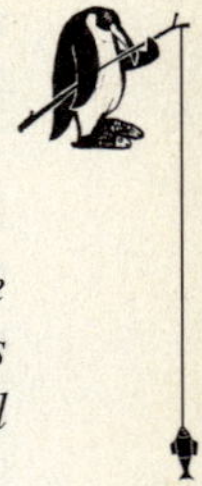

Lunettes photochromes

J'ai des lunettes à verres photochromes. Sous le soleil des Caraïbes, elles sont à peine teintées, mais elles deviennent quasiment noires sous le pâle soleil anglais. Pourquoi ?

Jeff Lander

Il y a deux types d'explications – physique et chimique. Dans ce cas, il semble que la chimie l'emporte.

Je suppose que votre lecteur n'était pas allongé sur une plage des Caraïbes, mais qu'il se promenait. Si c'est le cas, voici une explication possible.

Le soleil étant plutôt bas en Angleterre, ses rayons atteignent les verres presque perpendiculairement. Sous les tropiques, les rayons solaires, quasi verticaux, ne toucheraient les verres que tangentiellement. La réaction d'assombrissement des verres serait donc à peine déclenchée.

Charles Kluepfel

Les opticiens oublient souvent de préciser à leurs clients que les verres photochromes marchent moins bien quand ils sont chauds. Les particules d'halogénures d'argent piégées dans l'épaisseur du verre sont généralement transparentes. Quand elles sont soumises au rayonnement ultraviolet, elles se dissocient en halogène d'un côté (chlorure ou bromure) et argent métallique de l'autre, ce qui a pour effet d'assombrir le verre.

Ces deux composants se réunissent à nouveau quand le rayonnement UV disparaît, et les verres redeviennent transparents. Cette réaction de recombinaison est plus rapide quand la température augmente. Comme la couleur du verre résulte de l'équilibre entre la dissociation et la recombinaison, il faut davantage de rayonnement UV pour assombrir les verres dans un climat chaud.

Alec Cawley

Les matériaux photochromes sont sensibles à la température et noircissent davantage quand ils sont refroidis. Mes lunettes de soleil sont très sombres par un jour couvert mais foncent peu en plein soleil, en Floride. C'est tant mieux pour les skieurs, et tant pis pour les amateurs de plage.

Comme ces lunettes ne sont sensibles qu'aux UV, j'ai aussi remarqué qu'elles foncent très peu quand on se trouve dans une voiture.

William Darlington

8. Problèmes de transport

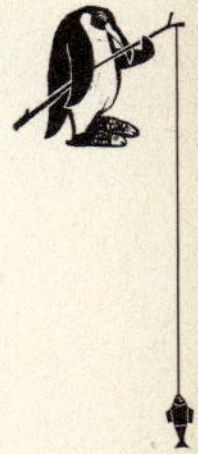

Aux feux, aux feux !

Pourquoi les feux de signalisation routiers sont-ils universellement, de haut en bas, rouge-orange-vert alors que la signalisation ferroviaire utilise vert-orange-rouge ?

Roger Henry

Cette différence tient à des raisons historiques et à des questions de sécurité. Les vieux bras de signalisation mécaniques étaient conçus pour qu'en cas de panne, c'est-à-dire le bras en bas, ils signifient « stop ». La partie lumineuse du signal était constituée de deux verres colorés placés à l'autre extrémité du bras et passant devant une lanterne fixe. La plus haute, le rouge, apparaissait quand le signal était en position basse. Lorsque le chemin de fer est devenu électrique, il a fallu garder des signaux compatibles. Le rouge s'est ainsi retrouvé en bas, car les conducteurs de trains étaient habitués à ce que la position basse marque l'arrêt.

La signalisation routière n'eut pas de prédécesseur ; elle fut conçue pour que le signal d'arrêt, le rouge, soit visible de loin. Il fut donc placé en haut.

Gerald Dorey

L'explication historique de Gerard Dorey n'est qu'en partie exacte en ce qui concerne les trains. Elle passe en effet sous silence les endroits du pays où sont utilisés les signaux du quadrant inférieur (l'horizontale signifie danger ; 45° vers le bas, roulez). Dans ce cas, le rouge est donc en haut.

La vraie raison pour laquelle le rouge est en bas dans les chemins de fer modernes est d'ordre météorologique. Pour assurer une bonne visibilité en plein soleil, chaque feu est recouvert d'un chapeau. En hiver, la neige peut s'y accumuler et empêcher de voir le feu situé au-dessus. Mettre le rouge en bas est donc une sécurité supplémentaire : c'est le seul feu qui ne puisse pas être obscurci.

Vincent Luthart

Il existe deux sortes de signalisations mécaniques. Dans le vieux système à quadrant inférieur, le bras incliné vers le bas signifie roulez, et le feu rouge, correspondant à la position horizontale du bras, est au-dessus du vert. Dans le nouveau système à quadrant supérieur, les feux sont côte à côte, le rouge étant plus près de l'axe que le vert.

Dans les deux cas, le bras horizontal signifie l'arrêt, mais la disposition des feux de signalisation n'a aucun rapport avec la position du bras. Le rouge est en bas parce que c'est la position la plus proche des yeux du conducteur ; le jaune est au-dessus, suivi du vert et, dans les feux quadruples, d'un deuxième feu jaune.

C.C. Thornburn

Les usagers de la route ne passant pas de test de vision des couleurs, la position des feux de signalisation doit toujours être la même. Ces signaux sont généralement placés à des endroits où la vitesse est limitée, et à des distances telles qu'un automobiliste

doit pouvoir s'arrêter en reconnaissant un feu rouge (caché) à sa seule position.

Le conducteur de train, dont la vision des couleurs est régulièrement testée, doit lire les signaux très en avance de façon à arrêter son train si nécessaire. Il doit donc identifier les signaux à leur seule couleur, et les repérer de très loin sans pouvoir discerner leur position exacte.

La question de votre lecteur était en fait mal posée car il n'existe pas de système universel de signalisation ferroviaire. On a vu des systèmes à feu unique avec des filtres de couleur. La seule règle est que le filtre rouge soit au plus près de l'œil du conducteur, et il arrive que le feu rouge soit placé en haut, comme sur les routes.

Sur les lignes à grande vitesse, une signalisation à double feu jaune est nécessaire. Elle précède le feu jaune unique signifiant « ralentissez », lequel est placé environ un kilomètre avant le feu rouge d'arrêt. Ces doubles feux sont généralement séparés par un feu vert, de façon à améliorer leur visibilité de loin.

P.W.B. Semmens

? Oreilles bouchées

Nous connaissons tous le syndrome des oreilles bouchées au décollage ou à l'atterrissage des avions. Mais si la cabine est pressurisée, pourquoi cela se produit-il ?

Craig Lindsay

Afin d'économiser le carburant, les avions de ligne volent à très haute altitude, de l'ordre de 12 000 mètres, alors que les êtres vivants éprouvent de grandes difficultés à respirer à partir de 5 500 mètres. Il est donc indispensable de pressuriser les cabines, ce qui pose de gros problèmes techniques. À 12 000 mètres, la pression atmosphérique est divisée par cinq de sorte que la cabine pressurisée, à la pression atmosphérique au niveau du sol, exploserait immédiatement ! La structure de la cabine doit donc être soigneusement étudiée.

Pour les avions de ligne civils, la pression dans la cabine est maintenue à la plus basse valeur possible, qui correspond à une altitude de 2 500 mètres. Cette altitude est généralement sans effet sur un organisme en pleine forme, mais certains passagers affaiblis peuvent éprouver des difficultés à respirer.

Il y a un autre problème : tous les aéroports ne sont pas à la même altitude. Entre l'aéroport Charles-de-Gaulle et celui de La Paz en Bolivie, il y a une différence de 5 200 mètres, et la pression à La Paz est la moitié de celle à Paris. Il est alors impossible de maintenir une pression constante pendant tout le vol. Imaginez ce qui se passerait si la pression à l'intérieur et celle à l'extérieur étaient différentes lors de l'ouverture des portes…

Pour limiter les « bouchements » d'oreille, la pression à l'intérieur est réduite en douceur par ordinateur à mesure que l'avion monte. Elle est graduellement augmentée (ou encore réduite, si l'on va à La Paz) pendant la descente de façon qu'elle soit égale à la pression extérieure à l'ouverture des portes. C'est généralement suffisant pour que vos oreilles aient le temps de s'adapter, mais si cela ne suffit pas, bouchez-vous le nez et faites monter doucement la pression jusqu'à égalisation.

Terence Hollingworth

Un des avantages du Concorde était que le fuselage étant conçu pour voler à très haute altitude, on ne réduisait la pression à l'intérieur que jusqu'à celle correspondant à une altitude de 900 mètres.

Arthur Cox

Le secret du hublot

Pourquoi les hublots des bateaux sont-ils ronds ?

Campbell Munro

Je suppose que votre lecteur pense aux gravures de navires anciens où l'on voit des pavois (par où passent les canons) carrés. Le bois est un matériau éminemment flexible – les bateaux en bois grincent de partout –, mais aussi extrêmement résistant à la fatigue. Les métaux, en revanche, supportent mal la fatigue : une plaque métallique peut être cassée par pliage répété, alors qu'une baguette de saule peut être pliée indéfiniment.

Vers la fin du XIXe siècle, les coques en acier se sont généralisées pour les cargos et les navires de guerre. Les architectes navals ont vite compris que toute ouverture rectangulaire sur le pont ou dans la coque générait des fatigues importantes, commençant aux coins du rectangle, sous l'action des contraintes dues aux vagues. Par très mauvais temps, certains malheureux marins ont ainsi vu leur navire se défaire littéralement sous leurs yeux. Voilà pourquoi les architectes ont dessiné des ouvertures rondes, ou ont arrondi les coins des ouvertures rectangulaires.

David Lord

? Le train et la mouche

Je suis poursuivi depuis que je suis tout petit par la question suivante : une mouche vole vers un train en marche. Elle entre en collision avec le train. Sa direction change alors de 180° puisqu'elle s'écrase sur le pare-brise. À l'instant précis du changement de direction, on peut donc considérer que la mouche est immobile, et que le train est lui aussi immobile. Une mouche peut donc arrêter un train. Où se trouve le défaut du raisonnement ?

Geoff Fleet

Vous avez raison : la mouche arrête le train, mais pas tout le train, seulement la petite zone de contact et encore, pas pour très longtemps.

Tout objet, aussi rigide soit-il, a une certaine flexibilité. Quand le pare-brise du train est heurté par la mouche, il subit un (minuscule) effet de recul. Il y a donc bien un arrêt de cette partie-là du train, malgré la grande rigidité du pare-brise.

La force exercée par la mouche sur le pare-brise est égale à celle qu'exerce le pare-brise sur la mouche – et elle est grande. Appliquée à la minuscule masse de la mouche, elle provoque une accélération intense : la vitesse de la mouche passe de zéro à celle du train pendant le temps nécessaire à la déflexion du pare-brise.

Une fois que la mouche est à la vitesse du train, le pare-brise revient à son emplacement initial. En fait, cela se fait si rapidement que le pare-brise dépasse un peu cette position et se met à vibrer jusqu'à retrouver sa forme normale. Cette vibration génère un son, parfaitement audible chaque fois qu'un insecte heurte le pare-brise.

Ce schéma simple est un peu compliqué par l'écrasement du corps de la mouche et l'inertie du verre, mais il montre bien quels principes physiques sont mis en jeu.

Eric Davies

Votre lecteur a raison de dire qu'à un moment donné la mouche est immobile. Mais à ce moment-là, la mouche n'est pas collée sur le pare-brise.

Dès que le pare-brise touche l'avant de la mouche (en négligeant la lame d'air sous pression qui est poussée à l'avant du pare-brise), cette dernière est accélérée dans le sens de la marche. Pendant le temps, très bref mais non nul, que met le train pour parcourir une distance égale à la longueur du corps de la mouche, la mouche est comprimée et accélérée. Ainsi, au moment où la mouche est immobile, 10 % peut-être de sa masse s'est écrasé sur le pare-brise. La vitesse du train lui-même n'a pas varié. Dès que le train a rattrapé l'arrière de la mouche, soit 2 dix millièmes de seconde à 200 km/h, la mouche, aplatie sur le pare-brise, a pris la vitesse du train.

D'un point de vue plus savant, on pourrait ajouter que la conservation de la quantité de mouvement fait que le train ralentit légèrement, mais il retrouve vite sa vitesse initiale. La mouche, qui passe de 0 à 200 km/h en un centimètre, subit une accélération de 30 000 *g* (1 *g* est l'accélération de la pesanteur terrestre). Quant au pare-brise, il subit une force de 300 newtons, l'équivalent d'un poids de 30 kilos.

Julian Bean

Quand le train heurte la mouche, les premiers nanomètres (millionièmes de millimètre) du pare-brise subissent un arrêt momentané ; les quelques nanomètres suivants subissent une déformation élastique, et le reste du train continue à pleine vitesse.

Après l'impact, la partie comprimée du pare-brise retrouve sa forme initiale, ce qui n'est pas le cas de la mouche.

En toute rigueur, une onde de choc élastique se propage vers l'arrière dans tout le train, et la face avant oscille jusqu'à ce que le mouvement s'arrête, mais, dans le cas d'une mouche, ces effets sont totalement négligeables. Si l'on remplace la mouche par une voiture, les effets de l'onde de choc seront plus facilement visibles.

M.G. Langdon

Toutes ces explications font intervenir beaucoup de facteurs, comme la longueur de la mouche ou l'élasticité du pare-brise, mais elles ne répondent pas, à mon sens, à la question, qui est plus philosophique que physique. Remplacez « mouche » par « un atome de la mouche », et vous revenez au vieux paradoxe énoncé par Zénon d'Élée en 450 av. J.-C.

Zénon expliquait qu'un objet en mouvement peut toujours être considéré comme immobile, pendant un instant infiniment petit. Le problème est que nous ne sommes pas davantage capables de concevoir un instant infiniment petit que de concevoir l'infini !

R.K. Hendra

Un trou dans mon parachute

Je viens de faire mon premier saut en parachute et j'ai été très alarmée de voir qu'il y avait un grand trou au sommet de mon parachute. À quoi cela sert-il ?

Suzy Klein

Avant que l'on n'aménage cette « cheminée » dans les parachutes, l'air piégé sous la toile n'avait d'autre issue que de s'échapper par les côtés, générant un redoutable mouvement d'oscillation, très bien visible sur les films de la Seconde Guerre mondiale.

Le contact avec le sol lors du mouvement pendulaire descendant était spécialement dangereux. En permettant à l'air de s'échapper lentement par le haut, la cheminée a supprimé les oscillations et facilité les atterrissages.

Un autre bénéfice de la cheminée est de ralentir l'ouverture du parachute. Auparavant, le parachute était soumis à des forces bien plus considérables, qui faisaient souvent pleurer les parachutistes, surtout de sexe masculin.

Paul Dear

Fenêtres pas noramiques

Pourquoi les avions ont-ils de si petits hublots, et pourquoi sont-ils placés si bas dans le fuselage, ce qui oblige à se baisser pour voir les autres avions sur la piste ?

Timothy Kouloumpas

Comme dans le cas de la plupart des éléments des avions, les hublots résultent d'une série de compromis. La vie des concepteurs serait grandement simplifiée s'il n'y avait pas de hublots du tout, mais les passagers ne sont pas d'accord.

La Grande-Bretagne a perdu son avance en matière d'avions à réaction quand le *Comet de Havilland* des années 1950 subit une série de crashs suite, entre autres, à des effets de fatigue de la carlingue autour des ouvertures.

Depuis, les hublots sont aussi petits que possible – typiquement 33 centimètres de diamètre. Chaque hublot a trois épaisseurs : deux pour supporter la pression et une troisième pour empêcher que l'on puisse endommager les deux premières. Les hublots et leurs vitres sont intégrés d'un seul bloc dans la structure du fuselage.

Non seulement les hublots sont chers, mais ils impliquent un renforcement de la structure. Le poids supplémentaire que cela représente est très pénalisant pour les compagnies d'aviation, d'autant que les hublots posent des problèmes de condensation, de formation de glace, voire de fuite de pressurisation.

La position des hublots varie selon les avions, mais les concepteurs les placent généralement un peu en dessous du niveau des yeux d'un passager assis. C'est trop bas quand l'avion est au sol, mais bien adapté quand l'avion est en vol pour donner une vue panoramique du sol. En outre, placer les hublots plus haut, vu la forme circulaire de la carlingue, reviendrait à les orienter vers le ciel, ce qui poserait aussi des problèmes d'éblouissement.

Il faut aussi garder en mémoire que les avions de ligne en service aujourd'hui ont été conçus il y a dix ans, certains ayant même été dessinés il y a quarante ans. Pendant ce temps, les gens ont changé, ainsi que le design des sièges. À l'époque, la structure des avions ainsi que la position des hublots étaient fixées, les chaînes de montage optimisées pour cela, et il aurait coûté très cher de la modifier.

En quarante ans, les gens ont grandi, et les sièges aussi, selon un critère qui les rend accessibles pour 95 % des hommes aux États-Unis. Si vous êtes un peu grand, vous vous y sentirez à l'étroit.

Enfin, la tendance en matière de transport aérien est à l'économie, c'est-à-dire à une densité maximale de sièges, ce qui implique de surélever les sièges afin que le passager puisse glisser ses pieds sous le siège de devant. Cela a aussi tendance à faire paraître plus bas le hublot voisin.

Terence Hollingworth

Les hublots des avions sont petits pour des raisons de sécurité. Les premiers *Comet de Havilland* avaient de grandes fenêtres haut placées qui donnaient une vision panoramique, mais ils souffraient de faiblesses structurelles rédhibitoires.

Pour en avoir le cœur net, la compagnie de Havilland immergea un avion dans un réservoir d'eau et le soumit à des pressurisations répétées pour simuler les conditions de vol. Au bout de deux semaines (ce qui correspondait à deux années de vol), la structure commençait à se fissurer aux coins supérieurs des fenêtres.

On redessina donc de petits hublots ronds et placés au bas de la carlingue, ce qui résolut le problème. Ce design a été conservé depuis.

Mike Burns

Volant automatique

Pourquoi le volant d'une voiture revient-il tout seul en place après un virage ? Avec une petite voiture en Lego, on n'observe pas cet effet.

Clare Sudbery

Le volant tend à revenir en place à cause du frottement des roues avant. On voit le même effet avec les chariots de supermarchés dont les roulettes pivotent autour d'un axe situé en avant du point de contact des roues avec le sol. Si l'on pousse le chariot, les roues, quelle que soit leur position initiale, s'alignent avec la direction du chariot.

Cela est dû à ce que les forces de frottement des roues sur le sol s'opposent toujours au déplacement. Les roues vont donc pivoter jusqu'à ce qu'elles soient alignées avec l'axe du pivot. On observe le même effet dans une voiture, dont la colonne de direction est inclinée de façon que sa direction coupe le sol en avant de l'axe des roues.

Il en va de même sur les vélos, dont la colonne de direction coupe le sol juste en avant du point de contact du pneu : vérifiez cet alignement avec un manche à balai. Une autre façon de le vérifier consiste à prendre un vélo par la selle. On le pousse facilement vers l'avant, en ligne droite, mais pas vers l'arrière : la roue avant a alors tendance à tourner de 180°, comme une roue de chariot de supermarché. D'ailleurs, vous observerez qu'en marche arrière, le volant d'une voiture n'a plus tendance à reprendre sa position d'équilibre.

Bill Laughton

Comme une crêpe

On n'en revient pas, avec les copains de ma classe. On n'arrive pas à comprendre comment un avion peut voler sur le dos sans se crasher immédiatement. Après tout, les ailes sont faites pour tirer l'avion vers le haut quand il vole à l'endroit ; elles devraient donc le tirer vers le sol quand il vole à l'envers.

Nik Yusokk

Il est vrai qu'un profil d'aile développe la portance qui maintient les avions en l'air, mais ce n'est pas le seul facteur : l'angle d'attaque de l'aile compte aussi.

Cet angle est généralement de 4° avec l'horizontale, ce qui donne une portance appréciable. Bien que votre main n'ait pas un profil d'aile, vous expérimentez cette force quand vous inclinez votre main à la fenêtre d'une voiture roulant à grande vitesse.

C'est en ajustant cet angle d'attaque (à plus de 4° par rapport à l'horizontale, donc) qu'un avion parvient à voler sur le dos : il suffit que la portance due à l'angle d'attaque soit supérieure à celle due au profil de l'aile.

Le plus gros problème qui guette les amateurs de vol sur le dos est la panne d'essence : sur les petits avions, les circuits d'huile et d'essence fonctionnent par gravité ; il est donc risqué de voler sur le dos !

Mark Mobley

Y a-t-il un thermomètre dans l'avion ?

Lors d'un récent voyage en avion, j'ai consulté la liste des objets interdits à bord. J'ai été surpris d'y trouver le thermomètre à mercure. Pourquoi donc ?

Rick Eraho

Les avions sont généralement construits en aluminium, et un tout petit peu de mercure est capable de détruire beaucoup d'aluminium. L'aluminium, en effet, est un métal très réactif qui se combine violemment avec l'oxygène de l'air. Heureusement, cette réaction est vite ralentie par la formation d'une mince couche isolante d'alumine (ou oxyde d'aluminium) qui protège le métal. L'anodisation de l'aluminium épaissit cette couche protectrice.

Le mercure détruisant la couche d'alumine, le résultat peut être spectaculaire, car il forme avec l'aluminium un amalgame destructeur. Il y a quelques années, un de mes techniciens a laissé tomber quelques gouttes de mercure sur son banc de bois dont les coins étaient en aluminium. Le lendemain matin, les pièces d'aluminium étaient percées et le bois profondément labouré à proximité. La réaction avait provoqué la croissance de petites tours d'alumine qui pointaient comme d'étranges coraux.

C'est chimiquement intéressant, mais très dangereux pour la santé : le mercure est toxique.

Harvey Rutt, Département d'électronique et informatique, université de Southampton

À cause de la fluidité du mercure, l'amalgame corrosif peut atteindre le cœur de la structure de l'avion. Un avion ayant subi une fuite de mercure doit être mis en quarantaine jusqu'à ce que l'amalgame révèle sa présence. Et il y a de fortes chances pour que l'appareil soit réformé. Même éliminé, l'amalgame se propage dans l'aluminium comme la pourriture dans le bois.

Rod Paris, aéroport d'Oxford, Grande-Bretagne

Le mercure, parmi bien d'autres produits chimiques, est classé « matière dangereuse » par l'Organisation internationale de l'aviation civile, qui est une émanation de l'ONU. Il est interdit d'en transporter à bord d'un avion, que ce soit en cabine ou en soute, à l'exception des thermomètres médicaux à usage personnel placés dans un étui protecteur.

Je ne vous conseille pas de tenter d'enfreindre ces règlements. Non seulement vous risquez une forte amende, mais en cas de fuite de mercure dans l'avion, la compagnie peut vous réclamer en justice les frais de nettoyage de la structure.

James Hookham

Escalier désynchronisé

J'ai remarqué que, sur les escaliers roulants, la bande sur laquelle on pose la main ne va pas à la même vitesse que les escaliers. Pourquoi ?

Bernd Haupt

Ces deux pièces sont censées aller à la même vitesse puisqu'elles sont entraînées par le même moteur. Le moteur entraîne un engrenage qui actionne l'escalier, et la main courante est à son tour entraînée par une courroie reliée à l'engrenage. Or, la courroie a tendance à s'user, ce qui peut modifier la vitesse de la main courante.

Johan Uys

Les spécifications américaines précisent que la vitesse de la main courante ne doit pas varier quand elle est soumise à une force de freinage de 444,8 newtons. Afin de satisfaire à cette règle, les mains courantes sont généralement réglées pour aller un peu plus vite que les escaliers. Sur certaines machines, toute variation de vitesse de la main courante excédant 15 % déclenche la coupure de l'alimentation du moteur et la mise en œuvre des freins.

Richard A. Kennedy, Maintenance d'ascenseurs et monte-charges, West Chester, Pennsylvanie

Les mains courantes d'escalators sont entraînées par des galets en caoutchouc placés à l'intérieur de la bande souple : les glissements ne sont pas exclus, mais ils se font plutôt par à-coups. Ils sont généralement dus aux accumulations de poussières et d'huile de machine à l'intérieur de la bande, ou aux tractions excessives sur la bande.

Comme les galets sont entraînés par le mécanisme qui actionne les marches, ils devraient tourner à la même vitesse. Le diamètre de la roue d'entraînement étant de 1mètre à 1,20 m, une usure de 2 millimètres se traduirait par un ralentissement de la main courante de 4 mm par mètre, ce qui serait indétectable.

Geoffrey Wood

Les normes britanniques EN 115 de 1995 stipulent que la vitesse de la main courante ne doit pas différer de plus de 2 % de celle des marches. Ces deux éléments sont entraînés par le même moteur, mais les marches le sont par un système d'engrenages métalliques, alors que les mains courantes sont entraînées par friction, via des bandes de caoutchouc et de néoprène qui sont sujettes à usure et à étirement. Il est donc plus difficile de contrôler la vitesse de la main courante, mais il s'avère qu'un certain degré de glissement est favorable à la sécurité de l'ensemble, au cas où un élément bloquerait le dispositif.

Bhamini Gore, Compagnie Otis, Londres

Hors-bord en première

Pourquoi les bateaux à moteur n'ont-ils pas de vitesses comme les voitures ?

Graham Lundegaard

Certains bateaux à moteur ont des vitesses, mais ce sont effectivement des exceptions.

La différence entre un bateau à moteur et une voiture tient essentiellement à la transmission. Dans un bateau, l'arbre moteur actionne une hélice qui repousse l'eau vers l'arrière. C'est par réaction à ce mouvement dirigé vers l'arrière que le bateau va vers l'avant.

Si le moteur et l'hélice sont bien accordés, la puissance sera suffisante pour propulser le bateau, même à très bas régime. S'il s'agit d'un gros bateau, l'accélération peut être assez lente à venir : sur un ferry, voyez l'importance des turbulences à l'arrière, avant même que le bateau n'ait bougé.

Dans une voiture, les roues ne tournent que si la voiture avance – au contraire du ferry –, mais il faut davantage de puissance pour se mettre en mouvement. Comme les moteurs à combustion interne donnent peu de puissance à bas régime, il faut les coupler à une boîte de vitesses, sans quoi le moteur calerait au démarrage. Même quand les roues d'une voiture tournent lentement, le moteur tourne vite. C'est un inconvénient des moteurs à essence que ne présentaient pas les machines à vapeur : les locomotives, dénuées de boîtes de vitesses, avaient une excellente puissance à très bas régime, et un superbe ralenti.

Sur le sable, par exemple, les roues d'une voiture peuvent patiner, et rejeter le sable vers l'arrière, sans que le véhicule n'avance, à l'image du ferry. Mais contrairement à l'eau, le sable ne comble pas de lui-même ses propres trous, de sorte que les roues finissent par s'y enfoncer.

John Gee

Les bateaux à moteur ont à lutter contre une force de frottement très importante. Typiquement, un bateau à pleine vitesse « traîne » le quart de son poids : cela reviendrait, pour une voiture, à grimper une côte de 25 %. Pour donner la puissance nécessaire, un bateau à moteur doit être constamment en première, et la présence d'autres vitesses n'aiderait guère ; d'éventuels changements de vitesse, en outre, devraient être très rapides, faute de quoi la vitesse chuterait brusquement.

Il est préférable, si l'on veut changer de vitesse sur un bateau, de changer d'hélice ; certaines donnent de la vitesse mais peu de puissance, et d'autres ont l'effet inverse. Mais cela compliquerait inutilement la mécanique.

Malin Dixon

9. Le *best of* du reste

Jeux de balles

Dans de nombreuses régions du monde, on célèbre les victoires et les anniversaires en tirant en l'air, sans se préoccuper du danger que représente la retombée des balles. En supposant que le revolver ou le fusil tire verticalement, quelle altitude atteignent les balles, et quelle vitesse ont-elles lorsqu'elles retombent ?

Leo Kelly

Tirer en l'air est effectivement une activité très répandue qui cause chaque année de graves blessures. Pour un calibre 7.62 typique tirant verticalement, la vitesse de la balle est d'environ 840 mètres par seconde au sortir du canon. Elle atteindra l'altitude de 2 400 mètres en 17 secondes. Il lui faudra ensuite 40 secondes pour retomber à une vitesse relativement faible. La balle tombe en effet avec le côté plat en avant, ce qui ralentit sa chute.

Même si le tir est bien vertical, la balle peut être déviée de côté, surtout entre 2 300 et 2 400 mètres d'altitude où, très ralentie, elle restera environ 8 secondes à des vitesses inférieures à 40 mètres par seconde. Dans cette phase de son vol, elle est très sensible aux vents latéraux. Le retour vers le sol se fera à 70 mètres par seconde environ.

Cela représente à peu près 250 km/h, ce qui peut causer de sérieuses blessures au crâne – environ cinq fois plus que dans l'usage normal des armes à feu.

Mais les données fiables manquent pour faire des statistiques crédibles.

Sam Ellis et Gerry Moss,
Collège royal militaire, Swindon

Tout dépend du type de la balle. Un calibre 22 monte à 1 179 mètres, et sa vitesse de retombée varie entre 43 et 60 mètres par seconde, selon que la balle retombe base vers l'avant ou qu'elle prenne un mouvement oscillant.

Un calibre 44 monte à 1 377 mètres et retombe, base en avant, à 76 mètres par seconde. Un calibre 30-06 atteint 3 080 mètres et retombe à 99 m/s (360 km/h).

La durée de vol pour une balle de calibre 22 varie entre 30 et 36 secondes ; elle atteint 58 secondes pour un 30-06. Les vitesses des balles au sortir du canon sont bien plus grandes que lors de la retombée. Une balle de 22 sort à 383 mètres par seconde ; une balle de 30-06 à 823 m/s (pratiquement 3 000 km/h !).

Selon les études de Browning au début du XXe siècle, et plus récemment de L.C. Haag (1994), la vitesse nécessaire pour qu'une balle pénètre dans la peau est entre 45 et 60 mètres par seconde. Une balle qui retombe peut donc gravement blesser, d'autant que des blessures peuvent se produire sans pénétration de la peau. Il ne faut donc jamais tirer en l'air.

David Maddison

John W. Hicks, dans son livre *The Theory of the Rifle*, rapporte des expériences faites en 1909 par un certain Major Hardcastle, qui tira verticalement au calibre 303 depuis une barque sur la rivière Stour à Manningtree. Aucune des balles n'atterrit dans un

rayon de 30 mètres, mais certaines tombèrent 400 mètres plus loin et d'autres ne furent pas retrouvées.

Julian S. Hatcher fit une expérience comparable en Floride, après la Première Guerre mondiale. Il monta une mitraillette de calibre 30 sur une petite île située dans un estuaire aux eaux bien calmes, de façon à repérer facilement les chutes des balles. Les expérimentateurs étaient protégés par un léger blindage. La mitraillette fut orientée pour que les balles retombent sur l'îlot.

Sur 500 balles tirées, 4 seulement touchèrent le blindage ; les autres retombant à quelques mètres. Sur ces balles montant à peu près à 2700 mètres et retombant au bout d'une minute, l'effet du vent était déterminant.

Dick Fillery

Quand j'étais petit, je collectionnais les douilles de laiton éjectées par les mitraillettes des avions pendant la Bataille d'Angleterre. Elles descendaient tout doucement en planant, à cause de leur forme, je suppose, et de leur faible rapport masse / surface. Mais elles étaient encore chaudes quand je les prenais.

Un petit projectile, genre calibre 303, n'est pas très dangereux quand il retombe. Comme une souris dans un puits de mine, sa vitesse de chute est faible. Cependant, une balle plus lourde et arrivant plus vite peut fort bien tuer.

M.W. Evans

Rendez-vous au supermarché

Deux personnes se perdent dans les allées d'un supermarché. Que vaut-il mieux faire pour qu'elles se retrouvent au plus vite ? S'arrêter et attendre, ou continuer à marcher ?

David Kafkewitz

La meilleure stratégie semble être d'aller à la sortie du magasin et d'attendre : l'autre personne devra nécessairement passer par là. Le temps d'attente maximal sera celui qui vous sépare de la fermeture du magasin.

La stratégie de l'immobilisation et de l'attente ne marche que si une personne seulement s'arrête. Si les deux s'arrêtent, le temps d'attente maximal est soit infini (si vous vous laissez enfermer jour après jour) soit, de nouveau, égal au temps qui vous sépare de la fermeture.

En supposant qu'une des personnes s'arrête pendant que l'autre continue à marcher, le temps maximal est la durée nécessaire à l'exploration du magasin entier, durée qui dépend elle-même de la disposition du magasin. Si les allées sont toutes visibles depuis un même point, la recherche est grandement facilitée. Les prisons, d'ailleurs, et les forts militaires sont dessinés selon ce principe. Afin de simplifier le travail, la personne immobile est priée de se mettre à l'intersection de deux allées.

Une autre stratégie serait une recherche au hasard, chaque personne s'éloignant de son point de départ d'une distance proportionnelle à la racine carrée du

temps. L'aire balayée par chacun serait alors un cercle centré sur la position initiale. Comme les deux cercles doivent se chevaucher suffisamment pour que la rencontre ait lieu, le temps de recherche doit être au moins proportionnel au carré de la distance entre les centres des cercles. Si certaines allées sont bloquées, le problème se ramène à celui du mouvement sur une courbe fractale. La durée de recherche sera alors proportionnelle à la distance précédente élevée, non au carré, mais à un exposant fractionnaire (2,1 par exemple, ou 1,8).

Stephen Massey

Pour répondre à cette question, il faut d'abord savoir si les deux personnes se sont mises d'accord sur ce qu'il fallait faire en cas de séparation. S'il y a eu accord sur une stratégie de recherche (l'un attend, l'autre cherche, par exemple), le problème est la version asymétrique du problème du rendez-vous ; sinon, c'en est la version symétrique.

J'ai présenté les solutions à ce problème, pour diverses configurations de lieux, dans le *Journal de contrôle et d'optimisation* de la Société de mathématiques industrielles et appliquées (SIAM). Dans tous les cas où des solutions exactes ont été obtenues, les deux personnes marchaient aussi vite que possible, tout le temps. La stratégie d'immobilisation d'une des personnes n'est certainement pas optimale. Par exemple, un modèle simplifié dans lequel les deux personnes sont à la distance 1 l'une de l'autre, il faudrait un temps égal à (1 + 3)/2 = 2 pour que la rencontre ait lieu. Si tout le monde bouge, ce temps est réduit à 13/8, soit 1,61.

Le seul cas connu où la stratégie de l'attente est

optimale est celui de deux personnes placées dans un supermarché circulaire. Si l'un attend, l'autre le trouvera nécessairement.

Tous ces résultats supposent que les personnes se trouvent quand elles se rencontrent ou lorsqu'elles sont à très faible distance l'une de l'autre, ce qui est le cas dans un supermarché aux heures d'affluence. Le cas d'un supermarché vide n'a, à ma connaissance, pas été envisagé.

Au cas où quelqu'un serait vraiment intéressé par ce problème, je recommande la lecture de mes articles et de ceux de S. Gal publiés en 1995 dans le *Journal of Control and Optimization* du SIAM.

Steve Alpern, London School of Economics

Je vous conseille de marcher le long du côté du supermarché où se trouvent les caisses et de regarder dans toutes les allées. Si ça ne marche pas, repartez dans l'autre sens, en regardant à nouveau les allées et les caisses. Si ça ne marche toujours pas, essayez la queue au rayon boucherie. Faites un dernier passage le long des caisses, puis demandez qu'un appel radio soit fait dans le magasin.

Owen Crossby

L'effet « f »

Combien de « f » comptez-vous dans cette phrase ?

FINISHED FILES ARE THE RE-
SULT OF YEARS OF SCIENTIF-
IC STUDY COMBINED WITH
THE EXPERIENCE OF YEARS.

(Les dossiers terminés résultent d'années d'études scientifiques ainsi que d'années d'expérience.) Combien en trouvez-vous ? La plupart des gens en trouvent trois. En fait, il y en a six !

Rick Eraho

Le fait que la plupart des gens voient trois « f » et non six peut sembler étrange quand on ne sait pas que la lecture n'est pas entièrement phonétique. En réalité, plusieurs méthodes sont employées pour extraire du sens de ce qui est imprimé, et la plus commune n'a pas grand-chose à voir avec les lettres et les sons qui leur sont associés.

Un lecteur est familiarisé avec de nombreux mots, spécialement les plus courts, comme « of ». Ces mots ne sont dès lors plus perçus à la lecture comme un ensemble de sons séparés. Les « f » des mots plus longs et compliqués sont donc comptés, mais pas ceux des « of ».

Sam Hill

Un garçon de 7 ans bien éveillé ou un relecteur professionnel verra bien six « f », parce qu'ils ont été entraînés à donner une valeur égale à tous les mots.

Quand on apprend à lire vite, on sélectionne les mots les plus importants, laissant au cerveau le soin de combler les manques. Plus on lit, plus on manque de mots, et on peut assez facilement arriver à lire plus de 600 mots par minute. Évidemment, un texte scientifique implique une lecture plus lente.

Un lecteur rapide se concentre sur les mots les plus

importants, généralement des noms et des verbes. Adjectifs et adverbes viennent ensuite, suivis des articles, pronoms et prépositions. Les lecteurs expérimentés tiennent moins compte des mots les moins importants qui, en anglais et en français, sont souvent très courts. Voilà pourquoi les « of » ne sont pas retenus dans le comptage.

J'ignore ce que cela donnerait en chinois ou en japonais, langues dont l'écriture est très différente.

Valerie Moyses

J'ai fait ce test sur un collègue de travail, avec des variantes de ce texte. L'une comportait deux « of », chacun à la fin d'une ligne. Mon ami les a repérés, mais pas le troisième. Je pense donc que le placement des « of » influe sur leur lisibilité.

Évidemment, un lecteur non anglophone devrait avoir moins de mal à repérer les « f ».

Andrew MacCormack

J'ai lu dans un livre sur les illusions d'optique que les gens ne voient que trois « f » parce que, dans « of », « f » se prononce « v » ; alors, le cerveau ne le compte pas comme « f ».

Bryn Hart (10 ans)

Non seulement je n'ai vu que trois « f », mais j'ai continué à n'en voir que trois après avoir lu la réponse. Ma femme, elle, en a vu six en première lecture.

Je suis professeur d'anglais, et elle est professeur de maths. Voilà la différence. Essayant de saisir le sens du message, j'ai oublié les « of » ; ma femme, ne faisant que ce qui est demandé, les a tous comptés.

Là où elle voit un ensemble de lettres, je vois des phrases ayant un sens.

La césure de la phrase avec des tirets joue aussi un rôle en conviant le lecteur à déchiffrer la signification du message, plutôt qu'à compter les lettres, ce qui est la tâche demandée.

Tom Sweetman

Pour conclure, je vous soumets la phrase suivante :

THE
SILLIEST
MISTAKE IN
IN THE WORLD

Pour persuader mes élèves de 7 ans de relire ce qu'ils écrivent, j'ai écrit cela au tableau. Mes meilleurs élèves ont aussitôt lu « The silliest mistake in the world » (l'erreur la plus bête du monde), à quoi j'ai répondu : « Vous venez de la commettre. » Ce sont les lecteurs les plus lents qui ont découvert le « in » de trop. C'est alors que le directeur de l'école est entré dans la classe, et a lu le message tout haut, mais en se trompant. La classe a répondu en chœur : « Vous venez de la commettre, monsieur. »

Douglas Boote

Phoump

Dans les films de gangsters, les méchants se font descendre à coups de silencieux. Comment marche un silencieux ?

Jeremy Charles

Les silencieux ne sont pas l'apanage de James Bond, mais sont couramment utilisés par les chasseurs et les amateurs de tir sportif pour atténuer le son de leurs armes. Il s'agit essentiellement d'une série de chicanes couplées à une chambre d'expansion, qui se visse à l'extrémité du canon.

Le bruit d'une arme à feu a deux origines. L'expansion rapide du gaz propulseur lorsqu'il quitte le canon, et le bang sonique de la balle qui passe le mur du son. On ne peut rien contre ce dernier bruit, mais le premier peut être efficacement atténué par un silencieux.

Pour qu'un silencieux soit vraiment efficace, il doit donc être utilisé avec des munitions subsoniques, dont la vitesse est inférieure à celle du son. Le bruit peut alors être tellement atténué que le coup de feu est à peine reconnaissable. J'ai vu en action une mitrailleuse de la Seconde Guerre mondiale munie d'un grand silencieux et tirant des munitions subsoniques. On n'entendait que les bruits mécaniques de la machine.

Bill Harriman

Le premier silencieux efficace fut breveté en 1910 par l'inventeur américain Hiram P. Maxim, le fils de l'inventeur de la mitraillette. Son système était à base de chicanes, comme les systèmes actuels. Il s'agit d'un cylindre métallique divisé en deux parties, fixé au canon de l'arme.

La première partie, qui occupe le tiers du dispositif, est une chambre d'expansion dans laquelle les gaz chauds éjectés par le canon perdent une partie de leur énergie. Cette chambre peut contenir un tube de treillis métallique qui a pour fonction de diviser la colonne de gaz et de la refroidir.

La seconde partie est constituée d'une série de chicanes métalliques, percées d'un trou pour permettre le passage de la balle. Ces chicanes dévient et ralentissent les gaz venant de la chambre d'expansion, qui sortent ainsi du dispositif ralentis, refroidis et moins bruyants. Un silencieux de moto fonctionne exactement selon le même principe.

Il existe des variantes, certains silencieux étant uniquement des chambres d'expansion ou des chicanes. En fait, une bouteille de soda en plastique fait (pour un tir ou deux) un bon silencieux.

Certains silencieux ralentissent la balle à une vitesse subsonique, en la faisant passer dans un tube percé ou à travers une série de parois élastiques qui la ralentissent, mais affectent aussi la précision du tir.

Le silencieux à treillis métallique possède une chambre d'expansion, mais le tube de treillis y remplace les chicanes, en perturbant la colonne de gaz chauds et en la refroidissant, ce qui lui fait perdre de l'énergie.

L'innovation la plus récente est le « silencieux humide », qui utilise de l'eau ou de l'huile pour refroidir les gaz chauds. Enfin, un dispositif russe permet de se débarrasser du système vissé au canon : il s'agit d'une cartouche spéciale dont la balle est extraite par un gaz propulseur repoussant un piston : le piston étant arrêté par la paroi de la cartouche, les gaz chauds sont piégés dans la cartouche.

Il faut savoir que Hollywood prend les plus grandes libertés avec les silencieux. La plupart sont bien plus gros que ceux que l'on voit au cinéma et moins faciles à mettre en place. Quant au léger « ffup » que l'on entend dans les films de James Bond, il est bien éloigné du son réel, qui serait plus proche de celui d'une portière de voiture que l'on claque.

Hugh Bellars

Le retour du boomerang

Pourquoi les boomerangs reviennent-ils à l'envoyeur ?

Adam Longley

Les boomerangs reviennent grâce à une combinaison d'effets aérodynamiques et gyroscopiques. Un boomerang est généralement constitué de deux profils d'aile tournants. On le lance quasiment vertical, incliné d'un angle de 20°, la face plane vers l'extérieur, en lui imprimant une rotation rapide (de l'ordre de 10 tours par seconde). La lame du dessus, tournant dans la direction du mouvement, est plus rapide, par rapport à l'air, que la lame du dessous. La force de portance qu'elle génère est donc plus grande, ce qui produit une force dirigée vers l'intérieur de la trajectoire, responsable du retour du boomerang, et une autre qui ramène le boomerang à l'horizontale.

La rotation du boomerang a un effet gyroscopique, qui explique pourquoi l'axe de rotation tend à se rapprocher de la verticale ; le changement du plan de rotation du boomerang le force à suivre un arc de cercle qui le ramène au lanceur.

Richard Kelso et Philip Cutler, université d'Adélaïde, Australie

La réponse la plus simple à votre question est que la plupart des boomerangs ne reviennent pas et n'ont pas été conçus pour cela. Les Aborigènes n'ont pas

inventé le boomerang pour s'amuser, mais pour chasser. Le retour attendu n'était pas celui de l'appareil, mais seulement celui de la viande fraîche.

J'ai vu les Warlpiri lancer un boomerang « karli », qui est une arme mortelle, et toucher une cible à plus de 100 mètres. Les Warlpiri fabriquent aussi le « wirlki » (aussi appelé « crochet » ou « n° 7 »), utilisé au combat.

Dans toute l'Australie, et même là où le boomerang n'est pas utilisé, on emploie une paire de boomerangs comme instruments de percussion dans les cérémonies religieuses.

Chips MacKinolty

Coup de fouet

Pourquoi les fouets claquent-ils ?

David Innes

Le claquement du fouet est un bang sonique, dû à ce que l'extrémité de la lanière passe le mur du son. Quand on fait claquer un fouet, l'énergie mécanique se transmet, sous la forme d'une onde, de la poignée à l'extrémité de la lanière. À mesure que cette onde progresse, elle rencontre un milieu de moindre section et de plus faible masse. L'énergie d'une onde dépendant de la masse et de la vitesse, et cette énergie se conservant, une diminution de la masse du milieu de propagation implique une augmentation de la vitesse de l'onde. Parvenant à l'extrémité du fouet, la vitesse dépasse souvent celle du son, soit 1 200 km/h environ.

Mike Capp

Quand l'onde atteint l'extrémité du fouet, elle doit se dissiper. Une partie de l'onde passe dans l'air et une autre, réfléchie, remonte vers la poignée du fouet. À l'instant de cette réflexion, l'accélération subie par l'extrémité du fouet est telle qu'elle dépasse souvent la vitesse du son.

Andrew Plant

Bougie centrifuge

Pendant un cours de physique, le prof a mis une bougie sur la platine d'un tourne-disque. On s'attendait tous à voir la flamme pointer vers l'extérieur ; en fait, elle pointait vers l'intérieur. Personne n'a su expliquer pourquoi. Pouvez-vous nous aider ?

Ruth Haveland

Oui, nous le pouvons, mais il a fallu beaucoup de réponses pour débrouiller cette question. Mais pour commencer, il y avait un gros problème.

Ma première réaction a été de ne pas y croire. J'ai refait l'expérience et je n'ai pas du tout trouvé le même résultat. La flamme est orientée en sens inverse du déplacement, comme celle d'une bougie que l'on tient dans la main en avançant.

Gareth Kelly, professeur de physique, Dyfed, Grande-Bretagne

Dès que j'ai lu cette question, je me suis précipité dans la cuisine avec une bougie et le plateau à fromages. À 60 tours / minute environ, la flamme est en sens inverse du mouvement, sans montrer la moindre tendance à aller vers l'intérieur ou l'extérieur. J'ai recommencé avec un tourne-disque réglé sur 78 tours et j'ai vu la même chose. Me suis-je trompé quelque part ?

John Ashton

Oui, messieurs, vous vous êtes trompés quelque part, ce qui ne remet nullement votre intégrité en cause. Et d'abord…

Si vous voulez voir cet effet, il faut mettre la bougie dans un récipient afin de supprimer l'action de l'air. À vos pots de confiture !

David May, professeur de physique, Shepshed, Grande-Bretagne

La raison pour laquelle la flamme pointe vers l'intérieur est qu'il apparaît une force centrifuge.

David Blake

Un indice : quand le récipient tourne, l'air le plus dense va vers l'extérieur.

La flamme s'incline vers l'intérieur pour la même raison qu'elle va plus volontiers vers le haut que vers le bas. Le gaz chauffé est moins dense que l'air froid. Si l'air froid va vers l'extérieur, la flamme ira vers l'intérieur.

Pour être plus exacte, j'ajouterai qu'une flamme moins dense sera davantage accélérée, à force centrifuge égale. C'est ce qu'enseigne la loi de Newton, qui définit la force comme le produit de la masse par l'accélération. Mais je suppose qu'il est plus simple de comprendre que la force agit davantage sur l'air le plus dense.

Sue Ann Bowling, université d'Alaska, Fairbanks

Je vous propose un problème analogue, mais en ligne droite. Imaginez que vous conduisez votre voiture, dans laquelle se trouve, attaché par une ficelle, un ballon gonflé à l'hélium. Vous freinez brutalement. Que fait le ballon ? Tandis que vous êtes projeté vers l'avant et retenu par la ceinture de sécurité, le ballon va vers l'arrière de la voiture. La raison en est que l'air contenu dans la voiture, ayant une certaine inertie, se dirige lui aussi vers l'avant. Le ballon flotte alors vers la zone de la voiture où la pression est la plus faible, c'est-à-dire vers l'arrière.

La flamme de la bougie flotte elle aussi vers la zone de basse pression, c'est-à-dire vers l'axe de rotation.

Tom Trull, université de Tasmanie

Sous l'effet de la force centripète, l'air de la flamme, moins dense, sera déplacé vers le centre de rotation. La flamme fera un angle arctan (a/g) avec la verticale (l'angle dont la tangente est a/g), où a est l'accélération centrifuge et g l'accélération de la pesanteur.

On a le même effet avec un ballon d'hélium dans une voiture. Quand on accélère, il va vers l'avant, quand on freine, vers l'arrière, et quand on tourne, il

va toujours vers l'intérieur des virages. La même formule s'appliquant à la flamme et au ballon, on peut prédire qu'à 50 km/h et avec un rayon de giration de 20 mètres, la ficelle du ballon fera un angle de 44° environ.

Neil Henrikson, directeur du lycée James Young, Édimbourg

Placez un niveau à bulle radialement sur une platine de tourne-disques : la bulle se déplace vers l'intérieur. Plus précisément, le liquide du niveau, plus dense, se déplace vers l'extérieur, ce qui force la bulle vers l'intérieur.

Colin Siddons

L'effet Sungam

En tant que sportif, je connais bien l'effet Magnus, qui dévie vers la droite (quand on la regarde du dessus) une balle tournant sur elle-même dans le sens des aiguilles d'une montre. Cet effet est visible sur les ballons de foot, les balles de tennis et de ping-pong, mais quand on donne de l'effet à l'un de ces ballons de plage très légers que l'on trouve dans les stations-service, on observe l'inverse (l'effet Sungam ?) : une rotation dans le sens horaire donne une déviation vers la gauche ! Pourquoi ?

Richard Bridgewater

Une balle lancée dans l'air emporte avec elle une fine couche d'air. Cette couche est séparée de l'air non perturbé par une très fine « couche-limite ». À l'avant de la balle, la couche-limite est quasiment immobile ; elle accélère en contournant la balle, ce qui réduit la pression de l'air : la loi de Bernoulli, en effet, assure que la pression d'un fluide est inversement proportionnelle à sa vitesse.

Vers l'arrière de la balle, la couche-limite décolle de la balle. Si la balle est lisse et ne tourne pas, cela se produit au même niveau partout ; si la balle tourne, la zone de décollement est asymétrique : un des côtés étant soumis à une pression plus faible, la balle dévie de sa trajectoire initiale.

La rotation de la balle sur elle-même fait que le point de séparation de la couche-limite se déplace vers l'arrière du côté où la balle tourne dans le même sens que l'air environnant, et vers l'avant de l'autre côté. La balle dévie du côté où la pression est la plus faible – le premier dans ce cas. Une rotation dans le sens des aiguilles d'une montre donne donc une déviation vers la droite.

Tout cela n'est vrai que si le flux dans la couche-limite est laminaire, c'est-à-dire si les lames d'air s'empilent bien sagement l'une sur l'autre. Si l'écoulement est turbulent, on peut fort bien observer l'effet inverse. Les couches d'air turbulentes ont tendance à adhérer plus longtemps à la balle que les couches laminaires : une balle avec un côté turbulent et un côté laminaire donnera un effet Magnus inversé.

Cela se produit par exemple avec un ballon de plage léger : du côté où la vitesse relative de l'air et du ballon est plus grande, l'écoulement est turbulent, alors qu'il reste laminaire de l'autre côté. Le ballon est ainsi dévié dans le sens inverse de sa rotation sur lui-même.

Des expériences précises ont montré que le facteur déterminant est le rapport de la vitesse de rotation de la balle à sa vitesse vers l'avant. L'effet Magnus inverse s'observe pour un rapport inférieur à 0,4.

Oliver Harlen, université de Leeds

Chauffé à blanc

Qu'est-ce qui cause les couleurs visibles sur une pièce de fer ou d'acier chauffée puis refroidie ? Un chauffage vers 200 °C donne du jaune, puis une couleur or, brune, violette, bleue et enfin noire quand on monte à 600 °C. Ces dernières couleurs, surtout le bleu et le violet, se voient souvent sur les pièces de montres anciennes, sous forme d'un revêtement transparent et coloré. De quoi est-il fait au juste ?

John Rowland

Les gaz utilisés pour le traitement de l'acier à haute température oxydent les constituants, le chrome par exemple, pour former des films de surface. Ces films font interférer la lumière et donnent les couleurs que vous mentionnez.

L'épaisseur des films détermine la couleur de l'acier. Les plus fins, formés à basse température, paraissent jaunes ou couleur or. Les plus épais donnent du bleu et, finalement, du noir.

Sur un acier bien propre, ces couleurs sont très fragiles et souvent recouvertes par les oxydes de fer de la rouille. Les pièces d'horlogerie dont vous parlez ont gardé leurs couleurs intactes car, au XIXe siècle, on avait l'habitude de tremper l'acier traité dans du spermaceti, ou blanc de baleine. Cela donnait une sorte de vernis transparent et protecteur… au grand dam des baleines.

Dale McIntyre

Une marée dans un verre d'eau

Notre prof de physique nous a fait l'expérience de la bougie posée sur une soucoupe qui flotte sous un récipient retourné. La bougie s'éteint peu à peu, et l'eau monte dans le récipient.

Il nous a dit que la montée de l'eau est due à la disparition de l'oxygène, consommé par la bougie. Pourtant, si l'on fait brûler quatre bougies au lieu d'une, le niveau de l'eau monte encore plus haut. Pourquoi ?

Emma, Rebecca et Andrew Fist

La question d'Emma, Rebecca et Andrew montre que des jeunes esprits incisifs et critiques peuvent démonter les explications inexactes et trop commodes qui traînent depuis des générations dans les salles de classe.

La consommation de l'oxygène contribue bien à la montée du niveau de l'eau car, lors de la combustion de la cire, un volume d'oxygène disparaît pour donner le même volume de gaz carbonique, tandis que l'hydrogène se transforme en vapeur d'eau.

Le gaz carbonique se dissout partiellement dans l'eau, tandis que la vapeur d'eau se condense totalement en eau liquide. Cela se traduit donc par une diminution du volume de gaz.

Mais ce n'est pas là le phénomène le plus important, qui est la chaleur dégagée par la combustion de la bougie. Or, cette chaleur est bien plus intense si l'on met quatre bougies sous le récipient plutôt qu'une seule.

Dès que la bougie s'éteint, l'air se refroidit et se contracte, d'autant plus que la température initiale était élevée. Quatre bougies donnent davantage de chaleur, une température initiale plus élevée et une plus grande variation de niveau lors du refroidissement.

En conclusion : ne croyez jamais votre prof de physique sur parole.

Leopold Flatin

Félicitations à ces enfants qui démontrent expérimentalement la médiocrité de l'explication traditionnelle de l'expérience de la bougie !

En observant que quatre bougies provoquent une montée de l'eau supérieure à ce qui était attendu, ils montrent que le principal responsable de cet effet est la chaleur dégagée par les bougies qui provoque l'expansion de l'air contenu dans le récipient. Ils ont certainement noté aussi que cet air fait un petit « glouglou » en s'échappant par le bord inférieur du récipient. Cela s'arrête après que les bougies se sont éteintes, puis le niveau de l'eau monte pour suivre la contraction de l'air qui se refroidit.

La flamme de la bougie, en fait, s'éteint dès qu'une petite partie de l'oxygène disponible a disparu. Cette expérience ne peut donc en aucun cas donner une mesure quantitative de la proportion d'oxygène dans l'air.

Ian Russell

Dégonflé à l'hélium

Pourquoi les ballons gonflés à l'hélium se dégonflent-ils si vite ? En une nuit, ils deviennent tout rabougris, alors que les ballons gonflés à l'air gardent leur forme très longtemps.

John Storr

L'hélium n'est pas seulement un gaz léger, il est monoatomique. Cela veut dire que ses molécules sont constituées d'un seul atome, et comme cet atome a un diamètre de l'ordre d'un dixième de nanomètre (un dix-millionième de millimètre), il est tout à fait capable de traverser quantité de matériaux, y compris des films métalliques. On l'utilise d'ailleurs, dans l'industrie, pour tester l'étanchéité des systèmes fonctionnant dans le vide. L'azote et l'oxygène de l'air sont des molécules beaucoup plus grosses et donc moins susceptibles de fuir à travers les parois d'un ballon. C'est comme si l'on mettait de la terre dans une passoire – les cailloux seraient arrêtés, mais le sable passerait.

Un autre facteur favorisant les pertes est que les ballons sont faits de matières viscoélastiques, c'est-à-dire de fibres emmêlées ressemblant assez à des spaghettis. Cette structure ménage de nombreux passages par où l'hélium peut fuir, même si la pression du ballon est faible. Quand le ballon est gonflé, le polymère s'étire et les parois s'amincissent, tandis que la structure s'« ouvre » davantage encore. Voilà pourquoi le ballon se dégonfle d'autant plus vite qu'il était, au départ, plus gonflé.

Les ballons d'hélium du commerce sont faits de matériaux non poreux et inélastiques, mais cela ne les empêche pas de se dégonfler toujours trop vite au goût des enfants (et des adultes).

Gavin Whitaker

L'atome d'hélium est tout petit et très léger. Il diffuse très facilement à travers la paroi, relativement fine et lâche, d'un ballon. Les molécules de l'air, plus grosses et plus lourdes, diffusent plus lentement. Mais la pression du ballon, qui « pousse » les atomes d'hélium vers l'extérieur, n'est pas le seul facteur en cause.

Comme l'air ne contient pratiquement pas d'hélium, les chocs des atomes d'hélium à l'intérieur de la paroi du ballon ne sont pas compensés par ceux des atomes d'hélium à l'extérieur, ce qui encourage leur fuite vers l'extérieur. Vous noterez cependant que le ballon ne se dégonfle jamais complètement. C'est dû à ce qu'un peu d'air y pénètre dès que davantage de molécules d'air frappent l'extérieur de la paroi que l'intérieur.

Cela mène à un curieux effet lorsque le ballon est gonflé avec de l'hexafluorure de soufre, gaz dont les molécules, particulièrement grosses, ne diffusent pas du tout à travers la paroi. Comme il y a davantage de molécules d'air à l'extérieur, celles-ci passent à l'intérieur et le ballon se gonfle tout seul !

Harvey Rutt, Département d'électronique
et d'informatique, université de Southampton

Chute d'ascenseur

Si l'on se trouve dans un ascenseur en chute libre, que peut-on faire pour échapper à une mort certaine ? Peut-on en particulier sauter juste au dernier moment avant l'écrasement ?

Nigel Osborn

Pour commencer, et j'en suis désolé pour les scénaristes d'Hollywood, il est pratiquement impossible pour un ascenseur de tomber en chute libre. Elisha Otis, au XIXe siècle, a déposé un brevet de frein se déclenchant automatiquement : dès que l'accélération dépasse un certain seuil, des bras se déploient et viennent frotter contre les guides de la cabine. Otis fit sensation en démontrant lui-même le procédé (appelé « parachute »), après avoir coupé les câbles…

Si vous voulez améliorer vos chances de survie, la meilleure chose à faire est sans doute de s'allonger par terre, sur le dos et les mains sous la tête, mais ce ne sera pas facile si vous êtes en chute libre.

Sauter au dernier moment ne fera que différer l'impact de quelques millisecondes. En outre, quand saurez-vous à quel moment sauter ? Si vous sautez trop tôt, vous vous heurterez la tête au plafond, avant de vous écraser au sol quand la cabine touchera le fond de son puits.

Même si vous saviez exactement quand sauter, il faudrait que vous exerciez la force nécessaire pour sauter jusqu'à l'étage dont est parti l'ascenseur : si l'ascenseur tombe de 10 mètres, seul un individu capable de sauter à 10 mètres de hauteur pourra s'en sortir. Mais si c'est le cas, à quoi bon utiliser un ascenseur ?

Keith Walters

Si vous sautez juste avant l'impact, en vous donnant par rapport à l'ascenseur une vitesse verticale dirigée vers le haut égale à la vitesse (dirigée vers le bas) de l'ascenseur, vous allez monter à grande vitesse vers le plafond. Vous aurez en outre du mal à sauter puisque vous tombez à la même vitesse que l'ascenseur, mais avec des poignées, vous devriez y arriver.

Heureusement, juste avant que vous ne l'atteigniez, le plafond va accélérer dans l'autre sens (en supposant que la cabine garde sa forme après l'impact) à la même vitesse que vous. Le plancher fera pareil, mais vers vous. Vous devriez alors atterrir en douceur d'une hauteur de quelques centimètres.

Mais il y a deux petits problèmes. Pour atteindre la bonne vitesse, il faudrait que vous soyez capable de sauter jusqu'à la hauteur dont est tombé l'ascenseur. Et même si vous y parveniez, l'accélération que vous ressentiriez serait du même ordre que celle subie lors de l'impact.

Il n'empêche ; malgré tout cela, un petit saut ne peut pas faire de mal…

Alex Wilson

Je vois trois façons d'améliorer vos chances de survie, mais aucune n'est décisive. La première a déjà été mentionnée : sauter aussi vigoureusement que possible pour atténuer un peu le choc. La deuxième est de vous déshabiller et de placer vos vêtements sous votre corps, ce qui devrait un peu amortir le choc. Si en outre vous acceptez de sacrifier vos jambes, restez debout et utilisez-les comme amortisseurs d'impact. Je ne garantis pas le résultat. La troisième est spectaculaire mais ne s'applique que si votre ascenseur, au lieu de tomber dans un puits, tombe vraiment en chute libre : sortez votre corps de la cabine et étendez bras et jambes aussi largement que possible : en augmentant ainsi la surface de la cabine, et donc le frottement de l'air, vous allez diminuer (d'un iota, hélas) sa vitesse de chute.

David Foale

Manger son pain noir

Travaillant dans une usine de noir de carbone, et ayant laissé une grosse empreinte digitale noire sur mon sandwich, je me suis demandé pourquoi le pain, mais aussi les pommes de terre, le riz et le sucre, qui sont constitués de carbone, ne sont pas noirs.

Douglas Thompson

Prenons d'abord un autre exemple. Le sodium est un métal mou et léger qui a tendance à exploser quand on le met dans l'eau, et le chlore est un gaz jaunâtre extrêmement toxique. Pourtant, le chlorure de sodium, c'est-à-dire le sel de cuisine que vous absorbez tous les jours, est parfaitement inoffensif : les propriétés d'un corps peuvent n'avoir aucun rapport avec celles des éléments chimiques qui le composent.

La poudre noire utilisée dans les photocopieurs est du noir de carbone très finement divisé dont les particules sont disposées au hasard. La lumière qui

tombe sur cette poudre est entièrement absorbée, ce qui fait que cette poudre est noire. Votre sandwich contient bien du carbone, mais pas sous forme de poudre. Il est combiné à l'oxygène et à l'hydrogène pour donner des hydrates de carbone dont les propriétés, comme celles du sel, sont sans rapport avec celles de ses éléments. Une tranche de pain réémet beaucoup des radiations lumineuses qui la touchent, de sorte qu'elle paraît blanche.

Richard Honey

Le carbone est généralement à l'état amorphe, sans structure cristalline bien définie. À cause de cela, et aussi de la position de certains électrons périphériques (situés à l'extérieur) de l'atome de carbone, il absorbe la lumière sans la réémettre. C'est pourquoi le carbone du graphite, de la suie et du noir de carbone est noir.

Le diamant, qui est aussi du carbone, est transparent car sa structure cristalline modifie les positions des électrons pour donner un cristal incolore. Un diamant peut acquérir une couleur si d'autres atomes, souvent des métaux, viennent modifier à leur tour la position des électrons pour donner du bleu, du jaune ou du rose.

H. Williams Barnes

Le carbone qui se trouve dans le pain et les pommes de terre, par exemple, est sous forme d'hydrates de carbone – chimiquement lié à des molécules d'eau, il perd sa couleur noire. Pour retrouver cette couleur, il suffit d'ôter l'eau en chauffant : un toast grillé est noir.

Le sucre contient aussi du carbone et de l'eau. Mettez dessus quelques gouttes d'acide sulfurique concentré. L'acide attaque les molécules d'eau, et le noir du carbone apparaît aussitôt.

Duncan Hogg

Index

Table

RÉALISATION : PAO ÉDITIONS DU SEUIL
IMPRESSION : NORMANDIE ROTO IMPRESSION S.A.S. À LONRAI (ORNE)
DÉPÔT LÉGAL : MARS 2009. N° 99414 (090472)
IMPRIMÉ EN FRANCE